全链路 UI设计

创意思维+项目实战+就业指导

U0234283

徐鹏 编著

人民邮电出版社

北京

图书在版编目（C I P）数据

全链路UI设计 ：创意思维+项目实战+就业指导 / 徐
鹏编著. -- 北京 ：人民邮电出版社，2021.5（2022.8重印）
ISBN 978-7-115-55697-4

Ⅰ．①全… Ⅱ．①徐… Ⅲ．①人机界面－程序设计
Ⅳ．①TP311.1

中国版本图书馆CIP数据核字(2021)第021371号

内 容 提 要

本书主要讲解新手设计师需要掌握的技能及练习方法。全书共9章，第1～4章为设计必备软件技能；
第5～8章则结合实战案例，为提升内容；第9章为设计师面试及接单时的注意事项。本书采用理论和实
战案例相结合的方式来展现，设置了很多练习题方便读者加以练习。

本书附赠丰富资源，提供案例素材文件，同时配以在线视频讲解，读者实操练习后可以进行对比，
查漏补缺，举一反三。此外，为教师提供专享配套教学PPT课件，方便教学使用。

本书适合新手设计师、需要转行的设计师、需要提高技能的UI设计师阅读，也可作为各大中专院校
相关专业学生的自学参考书或社会培训机构的教学用书。

◆ 编　著　徐　鹏
责任编辑　王　冉
责任印制　马振武

◆ 人民邮电出版社出版发行　　北京市丰台区成寿寺路 11 号
邮编　100164　　电子邮件　315@ptpress.com.cn
网址　https://www.ptpress.com.cn
北京九州迅驰传媒文化有限公司印刷

◆ 开本：787×1092　1/16
印张：18.5　　　　　　　　　2021 年 5 月第 1 版
字数：416 千字　　　　　　　2022 年 8 月北京第 2 次印刷

定价：119.90 元

读者服务热线：(010)81055410　印装质量热线：(010)81055316
反盗版热线：(010)81055315
广告经营许可证：京东市监广登字 20170147 号

编委会成员名单

本书从多个角度阐释了 UI 设计师的工作及具体案例，难能可贵的是用简单的图文展示出设计师的思考过程，把复杂的问题简单化，即使外行也能完全理解，这是一本对零基础读者很友好的图书。

叶滔——阿里资深运营专家

设计的本质就是服务。从某种意义上来讲，设计师和程序员有很多相似之处，即发现问题、解决问题。现代设计师做产品更要了解用户的真实需求，抽丝剥茧，去伪存真。本书不仅教授设计师怎样做，还教授怎样思考，尤其是对一些失败案例的解析极具价值，相信每位读者都会有全新的感受。

李灿——上海梦魅信息科技有限公司 CEO

设计类书籍就是要通俗易懂，所见即所得。本书深入浅出地阐述了现代设计师所需的各类系统性知识，再现了各类项目在实际设计中所遇到的各类问题，让很多新手不再走弯路、重复造轮子，真心将本书推荐给大家。

李志强——米哈游资深体验设计师

近些年来，移动互联网正逐渐渗透到人们生活、工作的各个领域，人们的生活被屏幕所包围。而这进一步推动了 UI 设计行业的发展，很多公司都建立了 UCD（以用户为中心的设计）部门，UI 设计师待遇也随之水涨船高。

UI 设计是什么？是美工？是界面上色？很多人都问过这个问题，在笔者看来这个问题并无标准答案，它随着时代发展而变化，基本可分为 3 个方向，即用户研究、交互设计、界面设计。设计师也由早年的"P 图美工"进入以用户体验为中心的"全链路设计"时代。同时，它也对想入行的新手提出了更高的要求。

无论是"好的设计"还是"坏的设计"，其实视觉的因素并不会占有太高比例，产品不会因为一个按钮的颜色深浅或投影大小就是好的或不好的产品，设计师在做设计时要从产品行业深入研究，从用户角度思考，才能跳出认知的舒适圈，做出符合行业标准的产品。

这就要求新手设计师快速迭代专业知识，业内设计师也要快速学习来保证不被淘汰，UI 设计师不仅要有基本的视觉设计、交互设计等技能，还要有用户研究、需求分析、文案描述和品牌营销等能力。从单一的技术思维模式向行业业务理解模式的转变，也是思维认知的一次大提升。

2013 年笔者进入行业，任职期间，每完成一个项目都会写一份项目报告复盘，和同行一起交流，为便于分享知识，做了"优时节设计"这个公众号，不定期将项目心得分享出来。在此期间总结了一套完整的知识体系，也通过写书的形式分享给大家。

本书内容

本书从新手角度来全方位阐述 UI 设计的必修知识，不仅有软件的实操案例，还注重培养读者的逻辑思维，从数据和产品角度帮助读者快速建立自己的 UI 设计知识框架。

第 1 章从 UI 行业的发展讲起，详细介绍了各大公司对 UI 设计师的要求，以及学习前的准备和要达到的目标。

第 2 章主要讲解 UI 设计的必备软件，其中 Photoshop 和 Illustrator 软件这一阶段的学习主要以临摹图标为主。

第 3 章以 Adobe XD 和 Axure 两个原型软件操作为主，讲述了页面之间的跳转逻辑，快速使用原型软件来实现交互效果。

第 4 章讲解 iOS 和 Android 的设计规范，以及两者的不同之处，做完本章练习题之后可以加深理解。

第 5 章和第 6 章主要讲解界面设计常犯错误、运营插画技法、界面输出适配和 After Effects 动效设计方法。

第 7 章以前端开发为主，从程序员视角来讲解 HTML 和 CSS 两种技术，并用两种技术来编写一个网页。

第 8 章以提升为主，讲解了高级图标设计的不同方法、设计布局和方法论，使设计师的作品"言之有物"。其中 B 端产品部分需重点学习，打破知识盲区。

第 9 章主要讲解需求梳理、竞品分析、作品集制作及面试技巧，在求职方面给予读者一定帮助。

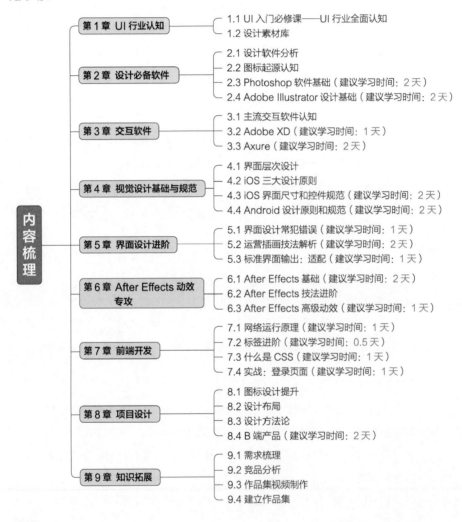

鸣谢

感谢优时节团队的讲师李志强、上海梦魅信息科技有限公司 CEO 李灿、资深运营专家叶滔和腾讯课堂类目经理董瑞萌，他们提供了大量实战教学内容。

勘误与联系

本书由徐鹏编著，书中疏漏之处在所难免，感谢您选择本书，同时也希望您把对本书的建议反馈给我们。

本书由"数艺设"出品，"数艺设"社区平台（www.shuyishe.com）为您提供后续服务。

配套资源
案例素材文件。
图书配套在线视频课程。

教师专享：配套教学
PPT 课件。

资源获取请扫码 ☞

在线视频
提示：微信扫描二维码，点击页面下方的"兑"→"在线视频＋资源下载"，输入51 页左下角的 5 位数字，即可观看视频。

"数艺设"社区平台，为艺术设计从业者提供专业的教育产品。

与我们联系

我们的联系邮箱是 szys@ptpress.com.cn。如果您对本书有任何疑问或建议，请您发邮件给我们，并请在邮件标题中注明本书书名及 ISBN，以便我们更高效地做出反馈。

如果您有兴趣出版图书、录制教学课程，或者参与技术审校等工作，可以发邮件给我们；有意出版图书的作者也可以到"数艺设"社区平台在线投稿（直接访问 www.shuyishe.com 即可）。如果学校、培训机构或企业想批量购买本书或"数艺设"出版的其他图书，也可以发邮件联系我们。

如果您在网上发现针对"数艺设"出品图书的各种形式的盗版行为，包括对图书全部或部分内容的非授权传播，请您将怀疑有侵权行为的链接通过邮件发给我们。您的这一举动是对作者权益的保护，也是我们持续为您提供有价值的内容的动力之源。

关于"数艺设"

人民邮电出版社有限公司旗下品牌"数艺设"，专注于专业艺术设计类图书出版，为艺术设计从业者提供专业的图书、U 书、课程等教育产品。出版领域涉及平面、三维、影视、摄影与后期等数字艺术门类，字体设计、品牌设计、色彩设计等设计理论与应用门类，UI 设计、电商设计、新媒体设计、游戏设计、交互设计、原型设计等互联网设计门类，环艺设计手绘、插画设计手绘、工业设计手绘等设计手绘门类。更多服务请访问"数艺设"社区平台 www.shuyishe.com。我们将提供及时、准确、专业的学习服务。

CONTENTS
目 录

第 1 章 UI 行业认知

第 2 章 设计必备软件

第 3 章 交互软件

第 **4** 章 视觉设计基础与规范

第 **5** 章 界面设计进阶

第6章 After Effects 动效专攻

第7章 前端开发

第8章 项目设计

第9章 知识拓展

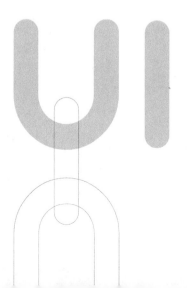

第 1 章
UI行业认知

教学视频扫码看

1.1 UI 入门必修课——UI 行业全面认知

　　要成为一名 UI 设计师，首先得明白在日常工作中需要应用什么样的技能来解决问题。对于不同的企业、不同的职业阶段，设计师要处理的问题是不同的，且差异极大。

　　这当中涵盖了非常多的技能类型，从印刷广告到 3D 建模、动画特效，应有尽有，设计师需要身兼数职，例如，设计师除了设计内容，还得和客户对接，负责项目经理的工作，甚至在做网页设计的时候还得自己写前端代码。这是任何一种职业都没办法避免的。久而久之，有人把这些相关的技能汇总，做成了复杂的 UI 设计师技能树，如图 1-1 所示。

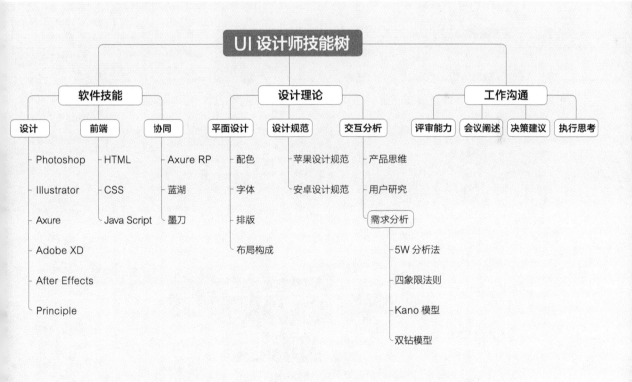

图 1-1

　　技能树中的每一项技能都有用吗？肯定是有用的，甚至可以单独针对每一项技能写一篇长文进行分析，列举各种数据来说明它的重要性。但是，设计师不可能在初期阶段全部囫囵吞枣地学完，而且很多技能也没办法评估什么才是"学完"，要学到什么程度。这是新人和初级设计师面临的最大的陷阱，他们热衷于搜罗职业可能涉及的方方面面的技能，然后毫无规划地乱学。

尤其是新人，想要快速入行，如果时间全花在学习这些无法直接应用于项目，或短期内不容易产生效果的技能上，那么入行的时间会大大加长，而且进步的速度也会极其缓慢。

作为新人，首先应该了解哪些是核心技能，哪些是辅助技能，初级设计师最普遍的工作产出和要求是什么，再制定出核心技能的学习范畴。而像设计心理学、插画手绘等，都是在掌握核心技能的条件下，根据实际情况拓展的辅助技能。

UI 设计行业和其他行业一样，也有具体的标准，设计师首先要弄清行业的用人标准，然后确定目标，朝着正确的目标努力。

互联网行业具有代表性的企业有阿里巴巴、腾讯（P 序列）、百度（U 序列）等，这里以 U 序列为例：U5 为校园招聘中录用的新人等级，U6、U7 为资深等级。

- **U5 等级要求：**设计方案并输出，提出提案，熟悉相关规范，延续风格。
- **U6 等级要求：**同上，分析专业数据，推进设计，制定高标准规范，对比复盘运营数据，总结经验、数据升降原因。
- **U7 等级要求：**主导团队人才培养，建设团队，推动立项。

综上所述，随着等级的提升，对人才的能力要求也不断提高，尤其从 U6 等级开始要求员工有一定的数据分析能力，用数据去驱动设计，U7 等级则要求员工有主导设计风格，推动立项的能力。

1.1.1 UI 设计师的产出

1. 基本工作产出

首先，UI 设计师最主要的产出包含 App 相关设计、产品主页设计、界面和广告图（在界面广告位的）管理，它们占了工作的绝大部分。图 1-2 所示为 UI 设计师的主要产出类型。

UI 设计师在工作中可能要遇到的产品类型有 H5、Logo 和 VI、线下物料、PPT、商品图片精修等，这些是 UI

图 1-2

设计师的次要产出类型，如图 1-3 所示。

　　主要的工作产出类型是判断初级设计师能力的核心指标，能决定我们的应聘结果和工作绩效。

　　但是在真实招聘中，招聘方对于程序设计、手绘技能、平面设计的要求如果排在 UI 前面，以那些技能来衡量你的价值，那么，这个职位可能只是在招聘一个懂点 UI 的前端设计人员（或插画师、平面设计师），有些企业（一般以创业公司居多）可能一开始就没有想清楚招人的需求，或者根本没分清楚 UI 设计师和其他工种的区别，不要被这些状况扰乱了情绪。

图 1-3

　　实际情况是，大多数初级的 UI 设计师在主要产出方面基本都没有什么建树，水准堪忧，所以在这几个方面要做得比他们更好，超出平均水平，还是比较容易实现的。

2. 具体的产出

（1）手机 App UI

　　如图 1-4 所示，App 界面是目前 UI 设计师的产出物之一，涉及排版布局、交互设计、设计规范文档等。

　　定义： 根据产品需求，在界面中设计和排列对应的交互、视觉元素。

　　要求： 能满足平面四要素的要求；知道如何应用标准的系统套件；能合理定义字体和元素尺寸；熟悉并能设计主流的组件。

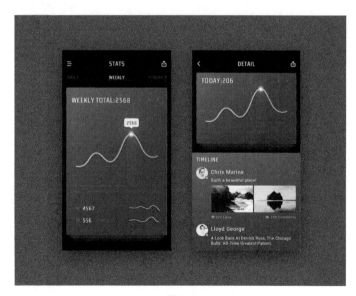

图 1-4

> **软件**　Sketch、Adobe XD

（2）界面图标

界面图标是目前 UI 设计师的产出物之一，如图 1-5 所示，所有界面都包含图标设计。

定义： 包含 App 启动图标，以及应用内的一般工具图标。

要求： 对图标的基础规范有所了解，清楚主流的图标类型及使用场景，在绘制整套图标时可以保持基本风格一致，形式简约美观。

图 1-5

软件	Sketch、Illustrator、Photoshop

（3）可交互原型

一般交互软件都会有丰富的组件库、图标库和交互设计可视化功能，只需要拖动鼠标，安排好交互关系，即可完成交互的设计，所见即所得，如图 1-6 所示。

定义： 用来展示可以点击并跳转的交互原型文件。

要求： 能清晰表达页面跳转逻辑即可。

图 1-6

软件	Sketch、Axure、Adobe XD、蓝湖、墨刀

（4）基础动效

在 UI 设计中，动效是很重要的组成部分，它和整个交互设计紧密关联，分割不开。想要让产品能够像呼吸一样自然，动效的处理很关键，如图 1-7 所示。

定义： 可以表现触发界面交互效果的动画。

要求： 了解可以实现的动画范围，并明白如何具体编写表现动画的文档。

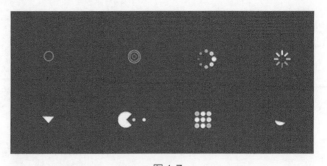

图 1-7

软件	After Effects、Flinto、Principle

（5）标注与切图

当界面设计定稿之后，设计师需要对图标进行切图，提供给开发工程师。标注与切图是为了满足开发人员对于效果图的高度还原需求，直接影响到工程师对设计效果的还原度，这是设计师重要的产出物之一。合适、精准的切图可以最大限度地还原设计图，起到事半功倍的效果。

通常我们只需要对图标与图片进行切图即可，文字、线条和一些标准的几何形状是不需要切图的，例如，对于搜索框，只需要在标注中描述它的尺寸、圆角大小、背景

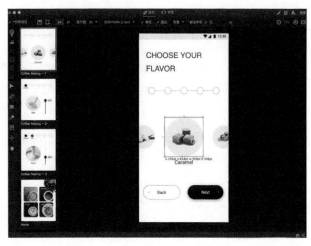

图 1-8

| 软件 | 蓝湖、Sketch、Adobe XD、MarkMan |

色值、不透明度，开发工程师即可用代码实现这种效果，如图 1-8 所示。

定义： 对设计稿的内容进行标注，将开发过程中需要的图形导出。

要求： 了解设计还原中开发人员需要知道的参数，了解不同图片格式的作用与区别，并能导出符合规范的图形。

（6）设计规范

产品发展日趋平稳时，参与设计的人越来越多，设计的统一性和效率的问题会渐渐显现。为了保证平台设计统一性，提高团队工作效率，打磨细节，就需要定义和整理设计规范，如图 1-9 所示。

定义： 设计到开发过程中要遵守的相关规范文档。

要求： 规范针对最主要色彩、元素的使用，简洁明了，容易被执行。

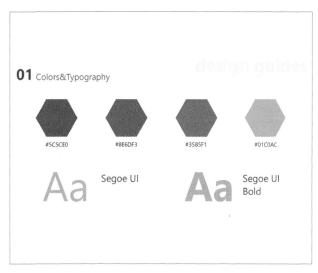

图 1-9

| 软件 | 任意设计软件或 Office 软件 |

3. PC 端网页界面

（1）网页界面

一个网站是由若干个网页构成的，网页是用户访问网站的界面，如图 1-10 所示。在网页设计中，首先要提到的就是网页的布局。布局是否合理、美观，将直接影响到用户的阅读体验及访问时间。

定义： 主要是公司官网或产品介绍页，将需要的内容合理置入画布并进行排版和设计。

要求： 了解基本的网页画布设置和规范、网页的主流结构和交互方式，能设计出简约美观、表意清晰的网页。

图 1-10

软件 Adobe XD、Sketch、Photoshop

（2）B 端管理界面（除特定行业外权重较低）

B 端产品：B to B 全称为 Business to Business，其中 B 为 Business，意为企业，B to B 即从企业到企业，企业与企业之间的商务模式，买卖双方都为企业。

管理界面解决的痛点是企业、组织机构等 B 端的需求，如图 1-11 所示，主要有以下 3 个特点。

图 1-11

软件 Adobe XD、Sketch

① 提高工作效率：通过提高团队的工作效率，更快地完成任务，适应当前快节奏的市场，如 HRM、ERP、CRM。

② 节省成本：通过减少重复建设、统一管理，来减少投入。例如，建立统一认证中心，避免重复造轮子。

③ 通过资源整合发挥价值：公司规模较大之后，各个子公司之间往往可以互相利用。

定义： 根据业务需要，设计在网页端操作的管理系统，用来管理财务、库存、客户信息等。

要求： 了解基本的管理界面组件功能和交互规则、网页拉伸适配方式和文字、色彩应用。

（3）标注与切图

当网页设计定稿之后，设计师需要对网页进行切图，提供给开发工程师，如图 1-12 所示。

定义： 对设计稿的说明和导出的开发用的图片。

要求： 能导出正确的图片，并对有必要的区域进行说明。

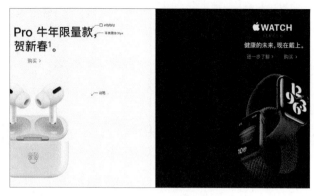

图 1-12

| 软件 | 蓝湖、MarkMan |

4. 广告宣传图

（1）Banner 设计

Banner 可以作为网站页面的横幅广告，还可以是报纸、杂志上的大标题，如图 1-13 所示。Banner 主要体现中心意旨，形象鲜明地表达最主要的思想或宣传主旨。

定义： 根据运营、营销活动的需求设计出在产品广告位中展示的广告图。

要求： 掌握基本的图文混排方法，能对文字做出简单有效的表现，具备初级的合成技能。

图 1-13

| 软件 | Photoshop、Illustrator |

（2）H5 活动页面（低权重）

一份 H5 页面海报通常涵盖文字、图片、音乐（声音）、视频、链接等多种元素，以富媒体形式打造多种用户使用场景，能够实现企业宣传、促销活动展示、产品介绍、预约报名、会议组织、收集反馈、微信"增粉"、网站导流等多种营销目的，如图 1-14 所示。

定义： 根据运营、营销活动的需求设计出在网页中展示的活动专场页面。

要求： 了解活动页的基本结构、手机端网页设计的规范，有初级的主视觉设计能力。

图 1-14

| 软件 | Photoshop、Illustrator |

1.1.2 设计软件分类

以上的产出内容涵盖了绝大多数初级 UI 设计师的工作，接下来要根据这些设计内容的要求来分析所要掌握的软件和知识点。设计软件基本可以分成静态软件（Photoshop、Illustrator 等）和交互软件（Adobe XD、Sketch、Axure 等），如图 1-15 所示。

图 1-15

1. Photoshop

Photoshop（简称 PS）是我们学习设计软件的起点，熟悉它的交互、功能、思路、专业名词对我们快速学会其他设计相关软件有至关重要的作用。在平面相关领域的工作中，PS 也是我们必然会使用的软件。作为一款"巨无霸"软件，我们不可能在短期内学会它的所有功能，所以，有必要筛选出常用的功能模块。

（1）创建与保存

第一步就是新建文档，可以选择尺寸和分辨率，如图 1-16 所示。如果输出要打印的图片的话，分辨率应设置为 300 像素 / 英寸，这样打印出来图片才会清晰。

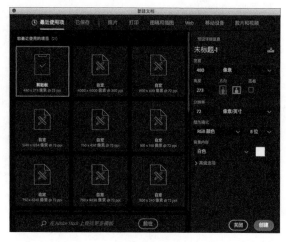

图 1-16

（2）工具栏

工具栏中有很多基础工具，其中经常用到的是移动工具、矩形选框工具和裁剪工具，如图 1-17 所示。

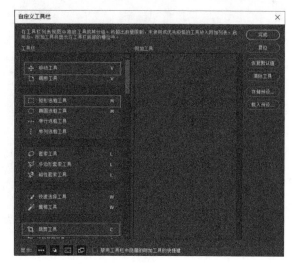

图 1-17

（3）钢笔工具

钢笔工具是每个设计软件中必不可少的重要工具之一。PS 中钢笔工具的使用、贝塞尔曲线的调整是让新人头痛的点，要掌握使用方法，可以在初期临摹一些图案，后期逐步原创一些造型来掌握这个工具，如图 1-18 所示。

图 1-18

（4）图层样式参数设置

图层样式各个选项的具体作用和对应的应用场景主要在拟物设计章节中深入讲解。通过图层样式的叠加使用，可以制作出逼真写实的图案。图层样式参数设置窗口如图1-19所示。

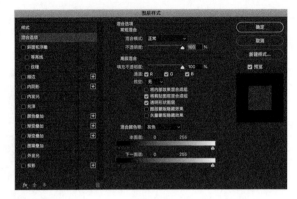

图 1-19

（5）调色功能

PS 色彩相关的功能，如通道、色相调整、曲线等主要用于图片、照片的美化和调色。执行"图像"→"调整"命令，可在子菜单中选择相关功能，如图1-20所示。

图 1-20

（6）滤镜库

滤镜库是一个艺术效果合集，里面有很多的艺术效果。执行"滤镜"→"滤镜库"命令即可调用，如图1-21所示。

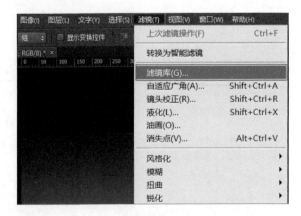

图 1-21

执行命令后弹出滤镜库窗口，其中有风格化、画笔描边、扭曲、素描、纹理、艺术效果等类别，选择不同效果会把原图转换成相对应的艺术风格，如图 1-22 所示。

图 1-22

（7）布尔运算

可以对路径使用布尔运算来进行图形的绘制。在制作图标、Logo 时经常用到这个功能，如图 1-23 所示。

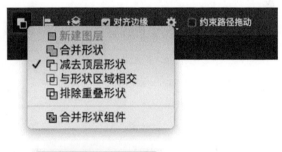

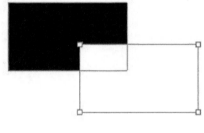

图 1-23

（8）字符设置

在"字符"面板中，可以选择字符样式、大小等，如图 1-24 所示。

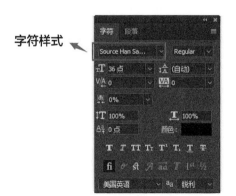

图 1-24

2. Adobe Illustrator

Adobe Illustrator（简称 AI）是 PS 的"孪生兄弟"，它们看起来很像，但是应用不一样，只要熟悉了 PS，AI 学起来就很容易。前期只需要专注于图形和图标的设计即可。

> **特别提示**
>
> AI 和 PS 的区别在于，AI 里面绘制的图形都是矢量图，不会因拉伸和缩小而导致图形模糊。

（1）创建与导出

AI 的关于文件创建的知识和 PS 一样，但是画板规则相对更复杂，应尽可能地了解清楚，并且要区分 AI 保存和导出的不同，如图 1-25 所示，直接拖动要导出的内容到"资源导出"面板中，单击"导出"按钮，选择目的路径即可。

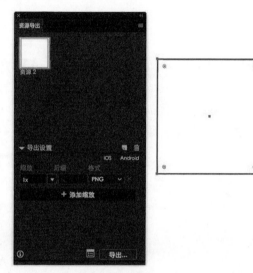

图 1-25

（2）钢笔工具

AI 的钢笔工具和 PS 差不多，如图 1-26 所示，但对路径的处理更完整、多样化，具有路径查找器、变形工具、操控变形工具、圆角控制器等实用功能，钢笔工具快捷键是 P。

图 1-26

（3）色彩填充

AI 中填充颜色的方式为：画出一个形状，双击工具栏下方的色块，弹出"拾色器"窗口，选择颜色，单击"确定"按钮即可，如图 1-27 所示。

特别提示
互换填充色描边的快捷键是：Shift+X。

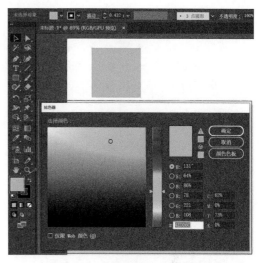

图 1-27

（4）画布标尺

了解 AI 画布相关设置，标尺工具的使用规则，可以辅助我们进行创作。图 1-28 所示是标尺属性的设置面板，我们可以根据需要进行设置。按快捷键 Ctrl+R 可以打开或关闭标尺。

图 1-28

3. Sketch、Adobe XD

这两款软件相对于前面两款软件难度较低，只要熟悉了 PS、AI，几天时间就能上手。它们对 UI 设计的支持很友好，速度快，效率高，选择其中一个主攻就可以。唯一的不足是 Sketch 只能在苹果系统中运行。而 Adobe XD 则是苹果和微软系统都兼容的。两款软件图标如图 1-29 所示。

图 1-29

4. 蓝湖、MarkMan

蓝湖和 MarkMan 这两款软件都是用来进行标注、切图和协作的，在了解切图相关的知识以后，只需要花一点点的时间就能学会如何使用它们，如图 1-30 所示。

蓝湖是一款产品文档和设计图的共享平台，帮助互联网团队更好地管理文档和设计图。蓝湖可以在线展示 Axure 文档，自动生成设计图标注，与团队共享设计图，展示页面之间的跳转关系。

MarkMan 软件只能做图片标注，但是体积小，可以轻松上手。

蓝湖　　　　MarkMan

图 1-30

5. Principle、Flinto（选修）

Principle 和 Flinto 都是制作动效的软件，对动画效果要求细致的设计师用 Principle 制作，而页面多、大部分页面以简单跳转为主、对动效细节要求相对不高用 Flinto。二者都是苹果电脑独占软件，图标如图 1-31 所示。

Flinto　　　　Principle

图 1-31

6. PowerPoint、Keynote

PPT 和 Keynote 是职场必备软件，而设计师应该用得比普通人更好，可以更好地将我们的思路、设计展现给其他人。Keynote 是苹果独占软件。两款软件图标如图 1-32 所示。

PowerPoint　　　　Keynote

图 1-32

1.1.3 什么是全链路设计师

2017 年阿里开始招收全链路设计师，引发了业内很多的讨论，甚至有人预言说 UI 设计师的岗位将会被逐步替代。全链路设计取代 UI/ 交互设计岗位这个说法，Joel Marsh 于 2015 年就已经在 *UX for Beginners* 一书中提出了。

UXD 是 User Experience Design 的缩写，意为"用户体验设计"，是 UED 团队中的一种设计岗位，是全链路的设计师。其主要特点是具备多样化的专业能力，工作流程覆盖面广，综合素质高，岗位价值大，发展瓶颈小。其核心价值在于为全能型设计师提供明确的发展路径，能提升项目效率和体验设计的完整性。

理想的 UXD 能力模型，用户研究、交互、视觉都应该要掌握，但并不是说要做到样样精通，因为 UXD 是以理性为主导，兼备感性的能力及视觉表达的能力，如图 1-33 所示。

以阿里为例，P9 的 UXD 设计师可能具备 P6+ 或 P7 的视觉能力、P7 的用户研究能力即可，更核心的是交互能力。传统的交互是缺乏用户研究和视觉能力的，未来的 UXD 要做好，仍需要补这两方面的能力。

所以全链路不再局限于设计稿，而是能在整个商业链中每个会影响用户体验的地方提供解决方案并提升用户体验——即用户接触的每个触点都是被设计过的。

它不仅仅是一个头衔，属于设计思维和设计方法，更是设计师个人能力、资历、综合能力达到一定程度的体现，如图 1-34 所示。

总结：全链路人才的学习方向有 7 个：视觉表现、运营设计、产品分析 、前端代码（理解即可）、用户体验 UX、动效交互设计 、自我品牌。初学者可以先从视觉表现方向学起，由易到难，逐步递进。

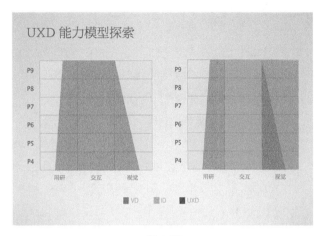

图 1-33

图 1-34

1.2 设计素材库

很多设计师不注意素材库的整理，在需要时不确定素材的位置，通常通过大概的记忆来查找，摸索很长时间才找到素材，极大地降低了工作效率。

所以要通过系统的整理，对杂乱无章的素材进行分组以便下次查找，同时定期再次细分归类，才能够做到素材精细化管理。

1.2.1 素材整理

日本作家泉正人的《超级整理术》一书中提到，在整理时尝试引进"设计规则"的理念，就是根据自己的使用习惯在前期制定出一套规则。在制定规则时，要遵循两个原则。

第一，按优先级罗列自己常用的素材。

UI 设计师经常收集界面、模块控件、图标、海报等素材，再根据类别细分，如界面中的主页、详情页、列表流等。

第二，制作思维导图，创建目录结构，如图 1-35 所示。

"设计规则"也就是目录名称和结构的建立，在后期收集素材时，只需放入对应收藏夹即可。

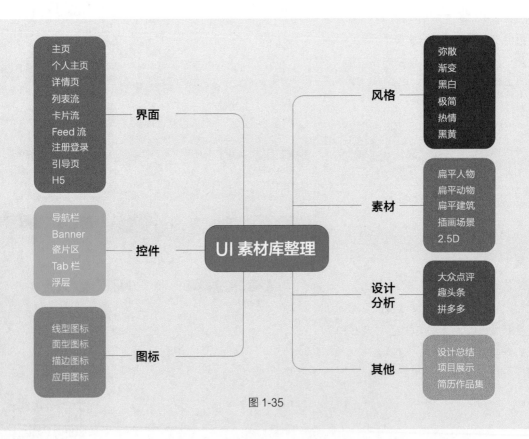

图 1-35

1.2.2 建设素材库

有了"设计规则"之后就要建立相应素材库了，很多设计师习惯在素材网站上收集素材，然后直接采集到自己的在线素材文件夹里面，这是一种很便捷的方法。我们把素材库分为本地素材库和线上素材库。

1. 本地素材库

本地素材库的目录可以分为 2 个层级，一级标题最好保持在 9 个以内，所以为文件夹设置 01~09 的序号。二级标题创建到对应的文件夹中，最好也不要超过 9 个，对应 001~009 的序号，如图 1-36 所示。

本地素材库特点在于：不受断网影响，安全。

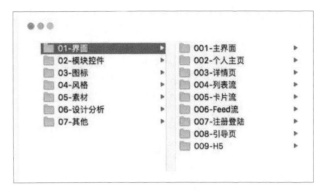

图 1-36

2. 线上素材库

以笔者最常用的花瓣网为例，花瓣网没有文件夹性质，而是分为不同的画板，为方便查找，给每个画板设置封面，不同内容设置为不同颜色，如图 1-37 所示。

线上素材库优势：节省本地存储空间，方便下载，线上资源更新速度快。

图 1-37

总结：要围绕易打理、易收集、易寻找三原则来建立自己的素材库。

第 2 章
设计必备软件

2.1　设计软件分析

UI 设计主要用 Photoshop 和 Adobe Illustrator 这两个设计软件，如图 2-1 所示。

图 2-1

特别提示

AI 和 PS 区别是：AI 是矢量绘图软件，PS 是位图像素绘制软件。

其中，PS 的应用十分广泛，从广告、出版、制版、印刷，到 UI 设计、插画等多个领域都有涉及。

而 AI 作为一款非常好的矢量图形处理软件，主要应用于印刷出版、海报书籍排版、专业插画制作、多媒体图像处理和互联网页面的制作等，也可以用于制作精度较高的线稿，并且易于控制，适合完成任何小型到大型的复杂设计项目。

总结： 在 UI 设计中，一般用 AI 来设计图标，而 PS 则用来设计插画、启动页。

教学视频扫码看

2.2　图标起源认知

图标（icon）是一种格式，包括系统图标、软件图标等。

图 2-2 所示为古埃及墙壁上的最早的象形文字，"icon"这个叫法最早可以追溯到 1565年，它源于拉丁语"eikón"，意思是"相像，形象"。

图标分为广义图标和狭义图标。

广义图标： 具有指代意义的图形符号，具有高度浓缩并快捷传达信息、便于记忆的特性。

图 2-2

应用范围很广，从软件、硬件、网页、社交场所到公共场合，无所不在，如图 2-3 所示。

狭义图标： 应用于计算机软件方面，包括程序标识、数据标识、命令选择、模式信号或切换开关、状态指示等。

图标又可分为象形图标和表意图标。通常情况下，象形图标会和表意图标组合使用来传达正确的信息，例如"添加文档"图标会通过象形图标"文档"和表意图标"加号"来展现，如图 2-4 所示。

目前，图标主要有线型、填充、单色、扁平化、手绘、拟物化等 6 种风格，如图 2-5 所示。其中 App 常用线性、填充和扁平化图标，而手绘和拟物化的图标常用于游戏 UI 设计中，因为图标逼真容易吸引玩家目光，可以延长玩家停留时间，达到提升付费率和留存率的效果。

图 2-3

图 2-4

图 2-5

2.3 Photoshop 软件基础

本节主要讲解 Photoshop 初学者应该知道的几个基本功能，方便应用于后续设计工作中，这里使用的版本为 Photoshop CC 2018。

1. 加载图像：打开

PS 中导入图片有两种方法。

①打开 PS，将图片直接拖曳到 PS 软件中，即可打开图片，如图 2-6 所示。

图 2-6

②执行"文件"→"打开"命令或者按快捷键 Ctrl+O，按路径选择图片，单击"打开"按钮，即可打开图片，如图 2-7 所示。

图 2-7

2. 调整图像尺寸：图像大小

执行"图像"→"图像大小"命令或者使用快捷键 Alt+Ctrl+I，会弹出"图像大小"对话框。

①在"图像大小"对话框中选择"像素"。

②调整"宽度"和"高度"，这里以调整"宽度"为 1920 像素为例。

③默认约束了宽高比，改变宽度时高度也会跟着改变，如图 2-8 所示。

图 2-8

3. 工作屏幕 100％视图：缩放工具

双击缩放工具可将图像恢复到100％视图大小，按住 Alt 键滚动鼠标滚轮可调整图像视图大小，如图 2-9 所示。

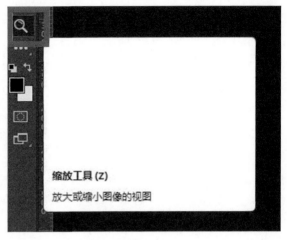

图 2-9

4. 裁剪工具

裁剪工具的具体操作方法如下。

①单击"裁剪工具"图标或者使用快捷键 C。

②按住鼠标左键拖动，选择要裁剪的区域，调整到合适大小，如图 2-10 所示。

③按 Enter 键完成裁剪。

图 2-10

5. 抓手工具

通过抓手工具可以放大、缩小图像或者移动图像，查看照片中的细节。放大快捷键是 Ctrl+ +，缩小快捷键是 Ctrl+ -，按住空格键并按住鼠标左键拖动可移动画布，抓手工具图标如图 2-11 所示。

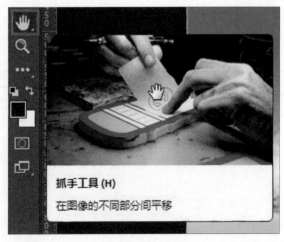

图 2-11

6. 污点修复画笔工具

单击此工具，然后根据画面中污点的大小调整笔刷大小，修复画面中的污点，如图 2-12 所示。

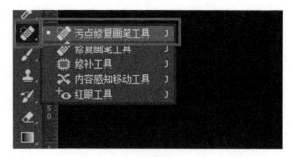

图 2-12

7. 减淡工具

减淡工具可以提高画面的亮度，选择该工具后，可以调整笔刷的大小和硬度。这里同时有加深工具，效果相反，如图 2-13 所示。

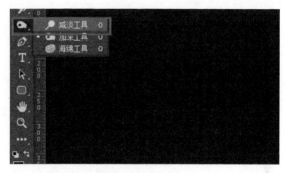

图 2-13

8. 颜色提取：吸管工具

该工具主要用来提取画面中的色彩，单击吸管工具，然后单击画面中我们要提取的位置，在前景色模块中就会看到我们要提取的颜色了，如图 2-14 所示。

图 2-14

9. 渐变工具

①按快捷键 G，选择渐变工具，如图 2-15 所示。

图 2-15

②打开渐变编辑器，单击下方的色标，单击"颜色"色块，选择好颜色后，单击"确定"按钮，如图 2-16 所示。

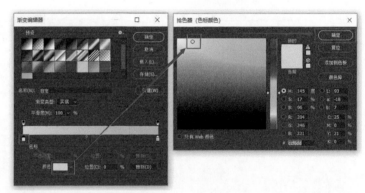

图 2-16

③选好颜色后，按住鼠标左键不放，然后按照渐变方向拖动，再松开鼠标左键，即可实现渐变效果，如图 2-17 所示。

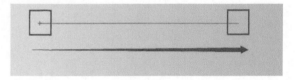

图 2-17

10. 图层混合模式

图层混合就是在原图上加一层有颜色的滤镜，以不同的模式和原图叠加可以产生不同效果，如图 2-18 所示。

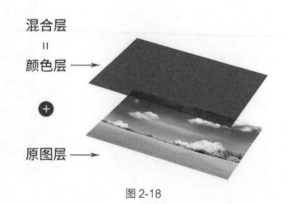

图 2-18

具体操作步骤如下。

在画布中填充一种颜色，如图
2-19 所示。

图 2-19

然后选择该图层混合模式为柔
光，如图 2-20 所示。同时调整不
透明度为 90%。可以发现原图上叠
加了淡紫色效果。

图 2-20

11. 矩形选框工具

①在右下角单击"图层"面板
中的"创建新图层"图标以添加图层，
如图 2-21 所示。

图 2-21

②单击"矩形选框工具"，如
图 2-22 所示。

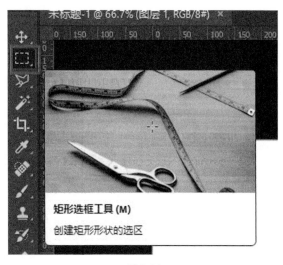

图 2-22

③按住 Shift 键拖动，出现正
方形区域，如图 2-23 所示。

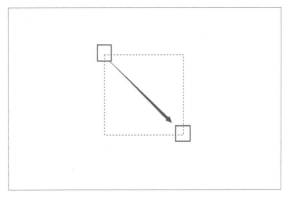

图 2-23

④按快捷键 Ctrl+Backspace
填充颜色，可以在区域内上色，如
图 2-24 所示。

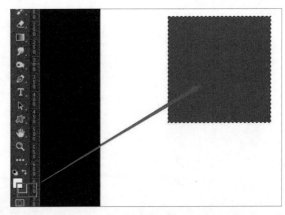

图 2-24

2.3.1 拟物图标制作

本案例是 PS 图标设计初级案
例，将所给素材图标临摹出来即可，
如图 2-25 所示。此图标的制作在
Photoshop CC 2018软件中进行。

图 2-25

①把素材图片拖入 PS，用裁
剪工具把画板拉伸出空白空间，如
图 2-26 所示。

图 2-26

②用圆角矩形工具画一个圆角
矩形，在右侧"属性"面板中调整
圆角大小，如图 2-27 所示。

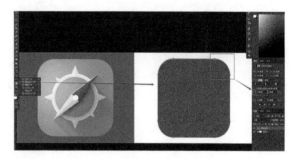

图 2-27

③设置底板样式：双击图层，打开图层样式窗口，选择渐变叠加混合选项。然后单击渐变色块，
在渐变编辑器中单击下方的色标，最后选择颜色，如图 2-28 所示。

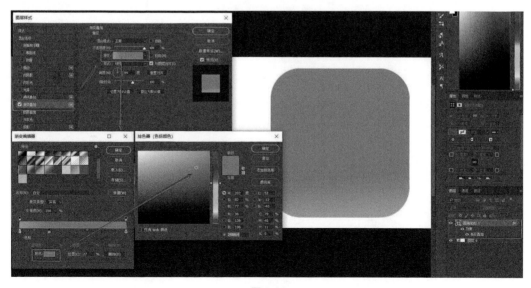

图 2-28

④制作指南针的圆环：绘制一大一小两个圆形，按快捷键 Ctrl+T，弹出缩放框，然后按住快捷键 Alt+Shift 对第二个圆形进行中心等比缩放，和原素材图对齐即可，如图 2-29 所示。

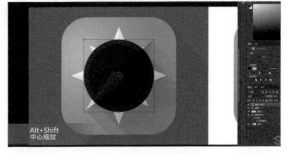

图 2-29

⑤选中两个圆形图层，合并两个圆形，减去顶层形状。圆环就做好了，如图 2-30 所示。剩下的图形用钢笔工具一一绘制即可。

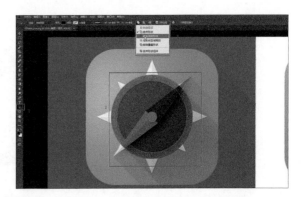

图 2-30

⑥绘制指针。

（a）用钢笔工具（形状状态）绘制指针形状。

（b）绘制红色形状，创建剪贴蒙版，覆盖在白色指针上，如图 2-31 所示。

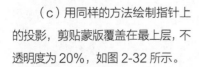

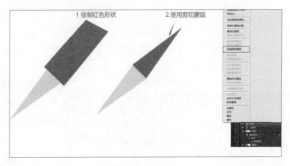

图 2-31

（c）用同样的方法绘制指针上的投影，剪贴蒙版覆盖在最上层，不透明度为 20%，如图 2-32 所示。

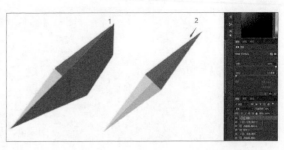

图 2-32

　　⑦绘制指针在底板上的投影。

　　（a）用钢笔工具画出指针在底板上的投影部分（大投影），同样使用剪贴蒙版覆盖在底板上，如图 2-33 所示。但是发现剪贴蒙版不起作用，为什么呢？

图 2-33

　　（b）因为底板（圆角矩形）使用了渐变叠加效果，所以再使用剪贴蒙版就不起作用了，如图 2-34 所示。

图 2-34

　　（c）使用栅格化图层样式来解决这一问题。选中使用渐变叠加效果的底板图层，右键单击图层，选择栅格化图层样式，如图 2-35 所示。

　　然后选择投影层，使用剪贴蒙版就可实现需要的效果，如图 2-36 所示。

图 2-35

图 2-36

⑧绘制圆环上的投影：使用钢笔工具绘制圆环上的投影（小投影），同样使用剪贴蒙版覆盖在圆角矩形底板上，顺序为大投影、小投影、底板，如图 2-37 所示。案例操作到此完成。

图 2-37

教学视频扫码看

2.3.2 金属质感图标

此案例主要练习金属质感图标的制作技巧，熟悉图层样式的设置。学会此案例的操作后其他金属质感图标的设计也可以按此案例中的方法举一反三。

步骤 01： 把素材图片拖入 PS，如图 2-38 所示。

图 2-38

步骤 02： 用椭圆工具绘制 3 个圆形，并依次叠加排好，颜色设置为不同程度的灰色，如图 2-39 所示。

图 2-39

步骤 03：在图层样式窗口里面调整参数。在"渐变叠加"面板中设置样式为"角度"，在渐变编辑器中按原图高光增加色标数量，调整到和原图一致即可，首尾色标颜色要一致，如图 2-40 和图 2-41 所示。

图 2-40

特别提示

按住 Alt 键拖动色标可以复制当前选择的色标。

图 2-41

步骤 04：设置内圆小高光。选择内圆图层，图层样式选择"内阴影"，做出外边高光的效果，设置不透明度为 76%，角度为 133°，距离为 6 像素，如图 2-42 所示。

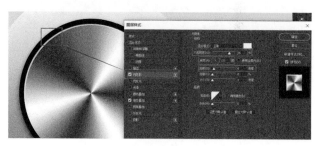

图 2-42

步骤 05：绘制小圆、矩形和文字细节。

①小圆：按住 Shift 键，用圆形工具绘制一个小圆，设置内投影的距离为 3 像素，角度为 135°，如图 2-43 所示。

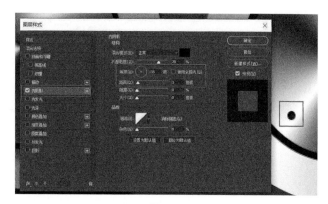

图 2-43

② 中圆环投影：选中中间圆环，设置投影中不透明度为 50%、角度为 90 度、距离为 10 像素，如图 2-44 所示。

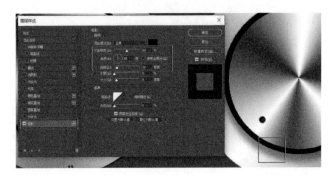

图 2-44

③ 矩形和文字：使用矩形工具和文字工具，分别绘制长条和 15、45、BO、VOL 字样，并分别放置处于 6 点、12 点、9 点、3 点位置，如图 2-45 所示。

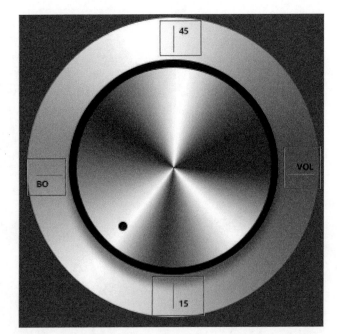

图 2-45

步骤 06：建立选区。在按住 Ctrl 键的同时单击图层，画面中会出现选区，如图 2-46 所示。

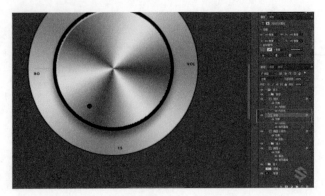

图 2-46

步骤 07：填充底色。新建一层，按快捷键 Ctrl+Backspace 填充颜色，如图 2-47 所示。

图 2-47

步骤 08：添加纹理。执行"滤镜"→"杂色"→"添加杂色"命令，给画面添加纹理，如图 2-48 所示。

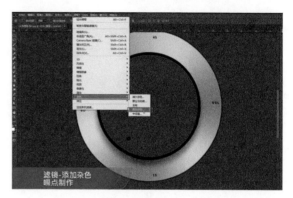

图 2-48

单击"确定"按钮，出现杂色，如图 2-49 所示。

图 2-49

步骤 09：执行"滤镜"→"模糊"→"径向模糊"命令，如图 2-50 所示。

特别提示

进行径向模糊时，一定要在有选区的状态下进行，不然会出错。

图 2-50

弹出径向模糊窗口，其中数量控制拉丝的密度，在 40 左右即可，如图 2-51 所示。

径向模糊
数量(A)
确定
复位
模糊方法
旋转(S)
缩放(Z)
中心模糊
品质
草图(D)
好(G)
最好(B)

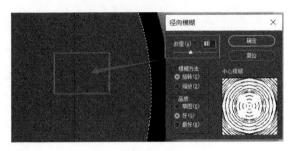

图 2-51

步骤 10：选中杂色层，打开图层混合模式下拉菜单，选择“叠加”，如图 2-52 所示，将纹理图层叠加在底层上面。

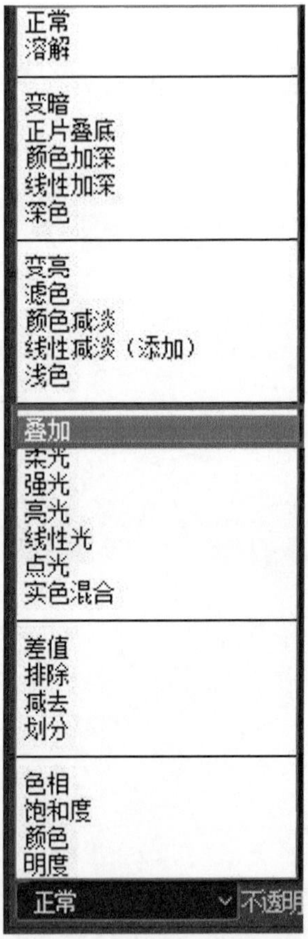

正常
溶解
变暗
正片叠底
颜色加深
线性加深
深色
变亮
滤色
颜色减淡
线性减淡（添加）
浅色
叠加
柔光
强光
亮光
线性光
点光
实色混合
差值
排除
减去
划分
色相
饱和度
颜色
明度
正常
不透明

图 2-52

步骤 11：制作投影。

① 绘制一个黑色椭圆作为投影，放置于 3 个圆形下方，如图 2-53 所示。

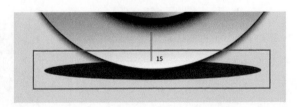

15

图 2-53

②执行"滤镜"→"模糊"→"高斯模糊"命令，如图 2-54 所示。

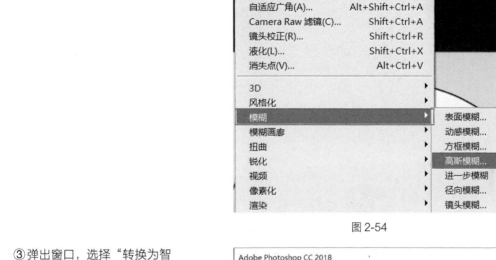

图 2-54

③弹出窗口，选择"转换为智能对象"，由于是图层形状，所以要转换成智能对象才能实现模糊效果，如图 2-55 所示。

图 2-55

④弹出高斯模糊窗口，设置半径为 4 像素（半径数值越大，图案越模糊），如图 2-56 所示。

图 2-56

步骤 12：制作倒影。

①将除素材和投影外的所有图层打包成组，复制图层组作为倒影。

②添加蒙版，如图 2-57 所示（蒙版特点：白色表示显示，黑色表示不显示）。

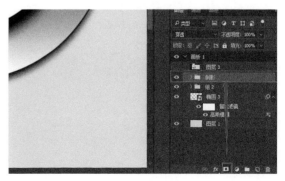

图 2-57

③绘制不显示区：使用柔边画笔（黑色）在蒙版层上画出不显示的区域，如图 2-58 所示。放到图形下方，操作完成。

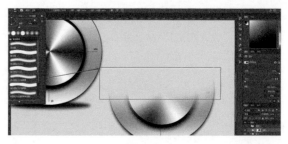

图 2-58

2.3.3 钢笔工具

钢笔工具是让初学者最头疼的一个工具，同时也是 PS 里面最重要的工具之一。一开始可以通过图案的临摹来逐步掌握这个工具。

钢笔工具是什么呢？具体来讲就是通过创建锚点来创建路径或形状的工具。具体看下面的例子。

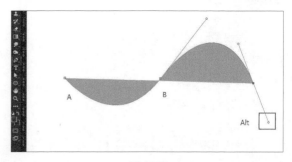

图 2-59

1. 锚点和路径

钢笔工具快捷键是 P，首先在画板上单击一个点，出现第一个锚点 A，然后单击，出现第二个锚点 B，按住鼠标左键拖动可以改变路径，按住 Alt 键拖动锚点可以调整锚点位置，如图 2-59 所示。

2. 钢笔工具的类型

钢笔工具分为形状和路径两种形式，如图 2-60 所示。默认是形状状态，两者区别如下。

形状：形状是矢量图形，拉伸后不会有模糊的问题。而且可以后期再次编辑修改。

路径：路径是矢量的，允许是不封闭的开放状，如果使起点与终点重合就可以得到封闭的路径。

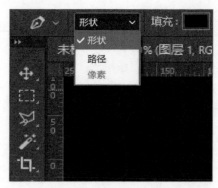

图 2-60

路径图案是由无数个像素组成的位图图像，以矩阵形式排列，每个像素表示最小的单元点。拉伸后会有模糊的现象出现，如图 2-61 所示。

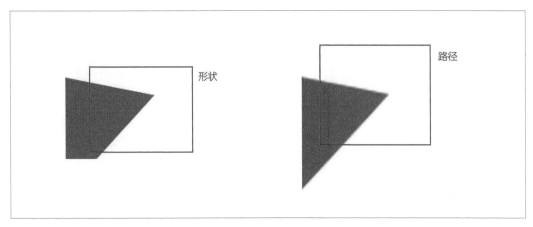

图 2-61

3. 绘制心形

① 根据心形轮廓绘制一半图案，注意在心形的底部调整锚点（按住 Shift 键，可以以 45° 为增量调整方向线的角度），如图 2-62 所示。

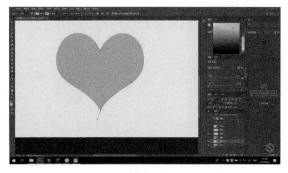

图 2-62

② 按快捷键 Ctrl+T，变形，右键单击，弹出窗口，单击"水平翻转"，复制出另一半即可，如图 2-63 所示。

总结：钢笔工具的掌握不可一蹴而就，要耐心地不断临摹优秀作品，掌握方法后其他平面软件的类似功能也能融会贯通。

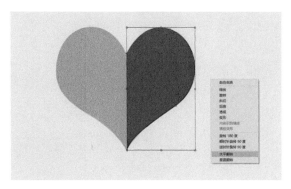

图 2-63

教学视频扫码看

2.3.4 布尔运算——Logo 设计

布尔运算经常在 PS 中用于 Logo 的设计或者图案设计，通过形状的剪切来组合出造型。

布尔运算包括合并形状、减去顶层形状、与形状区域相交和排除重叠形状，如图 2-64 所示。在合并完成后要单击合并形状组件，才算完全合并。

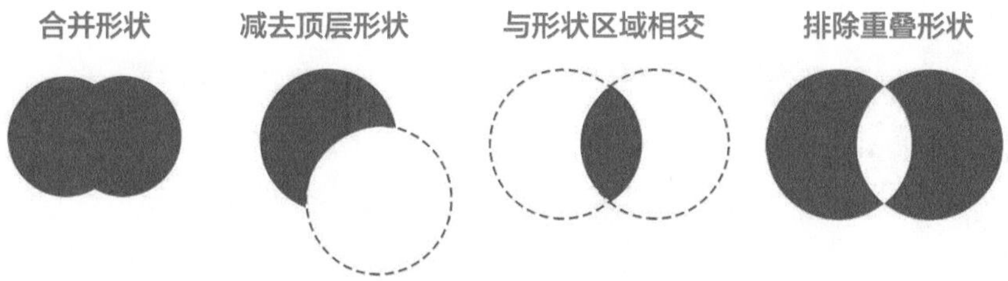

合并形状　　减去顶层形状　　与形状区域相交　　排除重叠形状

图 2-64

制作小鸟 Logo

步骤 01：绘制形状 1。选择椭圆工具，按住 Shift 键绘制两个圆形，选中两个图层，按快捷键 Ctrl+E 合并两个图层。单击路径选择工具，选择要减去的图形，单击"减去顶层形状"，如图 2-65 所示。

特别提示

得到形状后要再单击下"合并形状组件"，以完全合并。

步骤 02：绘制形状 2。把上一步的圆形 A 和形状 1 复制一份，用相同的方法减去顶层形状，得到形状 2（减去的圆形都是一样大小的），如图 2-66 所示。

步骤 03：绘制形状 3。选中形状 1 和圆形 A，按快捷键 Ctrl+E 合并图层，选择路径选择工具，全选两个图案，选择"与形状区域相交"→"合并形状组件"，得到鸟嘴形状 3，如图 2-67 所示。

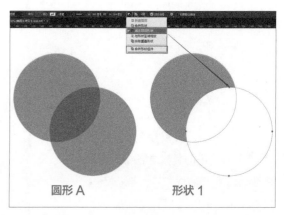

圆形 A　　　　　　形状 1

图 2-65

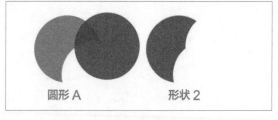

圆形 A　　　　　　形状 2

图 2-66

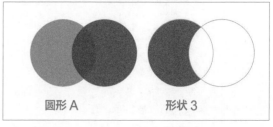

圆形 A　　　　　　形状 3

图 2-67

步骤 04：绘制形状 4。复制形状 1 和圆形 A 图层，合并（快捷键为 Ctrl+E）。选择路径选择工具，全选两个图案单击"与形状区域相交"，再单击"合并形状组件"，得到鸟嘴形状，即形状 4，如图 2-68 所示。

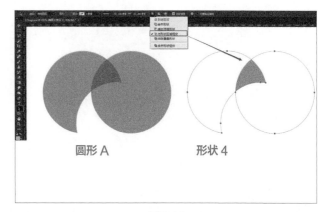

图 2-68

步骤 05：组合形状。将做好的形状 2、形状 3、形状 4 组合在一起，用圆形绘制一个鸟眼，然后添加不同的颜色，如图 2-69 所示。操作完成。

总结：这个案例其实就是减去形状或与形状相交得到不同的形状，从而制作出 Logo。在使用布尔运算制作形状后，记得要单击"合并形状组件"才算完全合并。

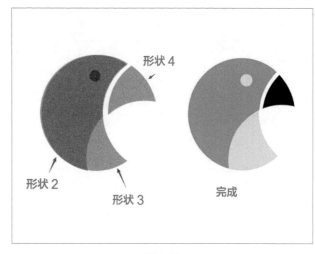

图 2-69

2.4 Adobe Illustrator 设计基础

Adobe Illustrator（简称 AI）是一种应用于出版、多媒体和在线图像的工业标准矢量插画制作软件。

其最大特征在于钢笔工具的使用使得操作简单，功能强大的矢量绘图成为可能。它还具有文字处理、上色等功能，不仅可以制作插图，在印刷制品（如广告传单、小册子）的设计制作方面也被广泛使用，事实上已经成为桌面出版（DTP）业界的默认标准。

这个软件就是通过"钢笔工具"设定"锚点"和"方向线"实现矢量图绘制的。一般用户在一开始使用时都感到不太习惯，并需要一定的练习，但是一旦掌握就能够随心所欲地绘制出各种线条。

教学视频扫码看

2.4.1 AI 设计基础

1. 新建项目

常见的新建项目方法有两种。方法一：执行"文件"→"新建"命令。方法二：单击主页左侧"新建"按钮，如图 2-70 所示。

单击"新建"按钮，弹出新建文档窗口，可以对项目的宽、高、出血等参数进行设置，如图 2-71 所示。

图 2-70

图 2-71

特别提示

"出血"是印刷中常用的功能，设计中常会添加"出血线"来预留裁切位，在这里我们不进行修改，保持默认设置即可。

2. 认识界面

先来认识一下界面。正中：画布（绘画区）。上方：导航栏。左侧：工具栏（各种绘制工具）。右中：图层区。右上：颜色区。右下：资源导出区。界面如图 2-72 所示。

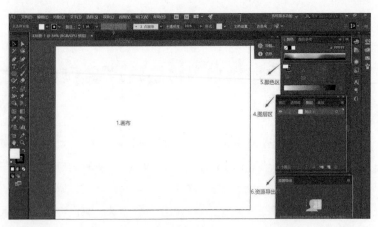

图 2-72

3. 形状工具

形状工具就是用来画图形的，我们可以运用它来绘制各式图形。使用方法：选中形状工具，直接在画面上按住鼠标左键拖动鼠标指针即可进行绘制（在按住 Shift 键的同时进行绘制，可得到正方形、圆形等）。

特别提示

右键单击形状工具，可调出更多
形状工具，如图 2-73 所示。

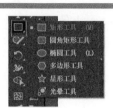

图 2-73

4. 选择工具

单击选择工具，拖动对象可以
移动对象，快捷键是 V，如图 2-74
所示。

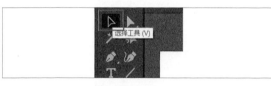

图 2-74

在"变换"面板中对选中的对
象的"位置""大小""圆角"等
参数进行修改，如图 2-75 所示。

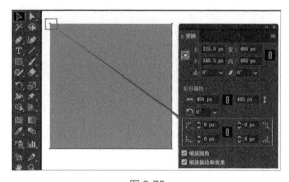

图 2-75

将鼠标指针放在形状的锚点外
部，按住鼠标左键拖动，可以"旋转"
形状。单击小圆点可以对某一个角
进行"圆角处理"，否则对所有角
进行圆角处理，如图 2-76 所示。

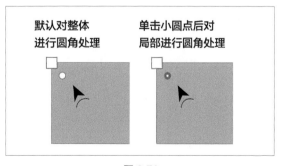

图 2-76

5. 直接选择工具

直接选择工具比较大的一个特点就是它能使形状发生改变，如图 2-77 所示。

单击形状的某一个点，使用直接选择工具可以拖动这个点来改变形状。

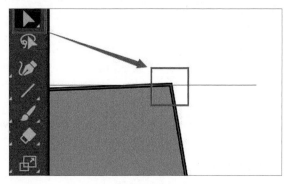

图 2-77

特别提示

选择工具与直接选择工具的不同点在于：直接选择工具能够选择图形的单个 / 多个锚点，而选择工具则是选择整个图形。

---

6. 钢笔工具

和 PS 中的钢笔工具一样，单击绘制锚点，按住鼠标左键不放向任意方向拖动可绘制曲线。将鼠标指针放在线段上，切换为添加锚点工具，可以添加锚点，如图 2-78 所示。

可运用它绘制出各式各样的图形，上拉 / 下拉当前锚点绘制"曲线"，按住 Alt 键"修改手柄"控制线段角度。

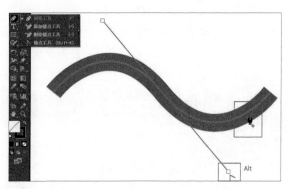

图 2-78

7. 文字工具

文字工具是用来添加文字的。单击文字工具会默认出现一段文字（横向排列），单击直排文字工具会出现竖直排列的文字，如图 2-79 所示。

可以在右侧找到"字符"面板，对文字进行样式、大小等修改。

图 2-79

2.4.2 实战：Wi-Fi 图标绘制

步骤 01：用椭圆工具绘制一个圆形，按快捷键 Ctrl+C（复制），再按快捷键 Ctrl+F（原地复制），原地复制出两个，按住快捷键 Alt+Shift 等比中心缩放，依次缩小，如图 2-80 所示。

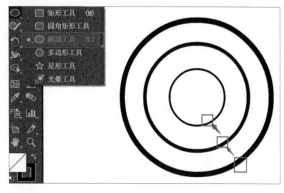

图 2-80

步骤 02：将 3 个圆统一调整成描边为 10pt，用椭圆工具绘制中心圆点，按住快捷键 Alt+Shift 从中心点处拖动得到，如图 2-81 所示。

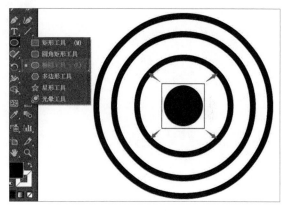

图 2-81

步骤 03：选中 3 个圆，可以看见有许多的锚点。用剪刀工具将红框里面的线从锚点处剪断，如图 2-82 所示。

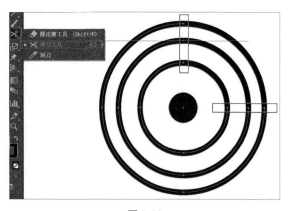

图 2-82

步骤 04：选择旋转工具，确定旋转中心点（蓝色），用鼠标拖动上方小点至正中位置，如图 2-83 所示。

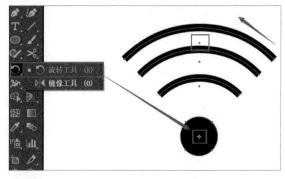

图 2-83

步骤 05：单击"描边"，设置端点为圆头端点，如图 2-84 所示。操作完成。

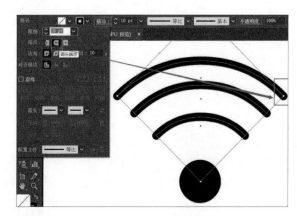

图 2-84

2.4.3 实战：渐变 Logo 设计

渐变投影 Logo

步骤 01：绘制圆和直线，描边加粗，如图 2-85 所示。

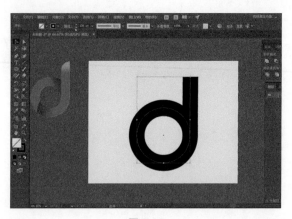

图 2-85

步骤 02：选中步骤 01 中绘制的两个路径，扩展成形状，如图 2-86 所示。

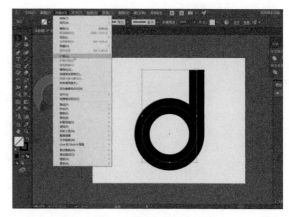

图 2-86

步骤 03：用钢笔工具绘制投影部分，单击形状生成器，按住 Alt 键减去多余部分，如图 2-87 所示。

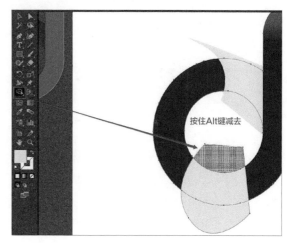

图 2-87

步骤 04：制作投影。

①选择形状，单击渐变工具，然后双击形状，出现渐变条，如图 2-88 所示。

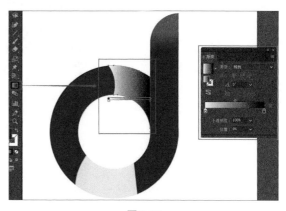

图 2-88

② 单击左侧色标，在下方设置不透明度数值为 0%，出现透明效果，下方形状也如法炮制，如图 2-89 所示。操作完成。

总结：理解形状生成器的用法，它在 Logo 制作中很常用。掌握渐变工具的用法。

思考题
利用任意字母变形，制作一个简洁风格的 Logo。

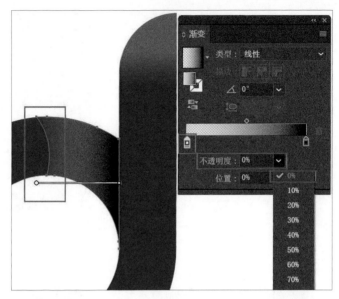

图 2-89

教学视频扫码看

2.4.4 实战：2.5D 等距图网页制作

等距图是近年来比较流行的一种插画形式。等距图是指绘制物体时每一边的长度都按绘图比例缩放，而物体上所有平行线在绘制时仍保持平行的一种显示形式。

等距图应用范围很广，比如 icon、界面、启动页、插画、游戏、动画视频等。本案例就来带大家学习一下等距图的制作方法。

步骤 01：创建网格。新建尺寸为 1920px×1080px 的文件，用矩形网格工具绘制一个网格，如图 2-90 所示。

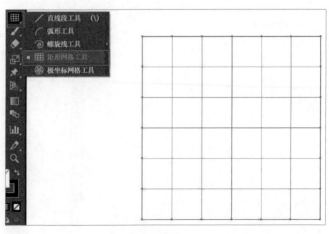

图 2-90

步骤 02：设置网格。单击画布中任意一点，弹出"矩形网格工具选项"对话框，设置宽、高为200px，数量为20，如图2-91所示。

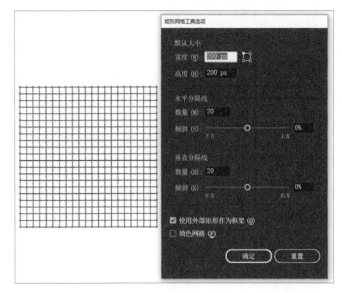

图 2-91

步骤 03：选中网格，右击，在弹出的快捷菜单中选择"变换"→"倾斜"，设置倾斜角度为30°，如图 2-92 所示。

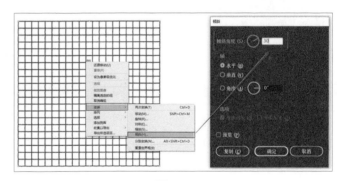

图 2-92

步骤 04：选中网格，右击，在弹出的快捷菜单中选择"变换"→"旋转"选项，设置角度为−30°，如图 2-93 所示。

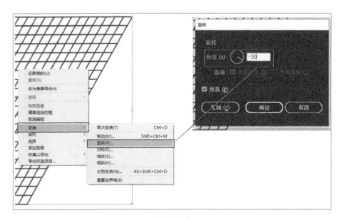

图 2-93

步骤 05：执行"视图"→"参考线"→"建立参考线"命令，在画面中建立参考线，如图 2-94 所示。

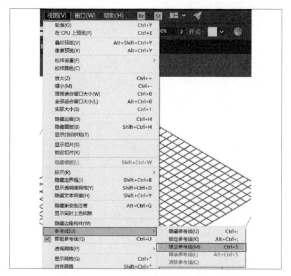

图 2-94

步骤 06：在参考线辅助下，用钢笔工具绘制手机机身，调整 4 个边角为圆角，如图 2-95 所示。

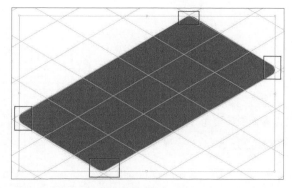

图 2-95

步骤 07：选中机身，按快捷键 Ctrl+C，再按快捷键 Ctrl+F，原地复制形状，改变颜色并调整圆角的位置，使机身有厚度感，如图 2-96 所示。

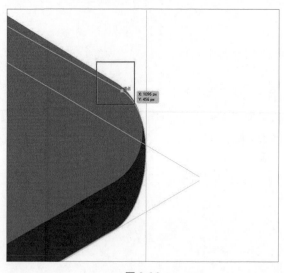

图 2-96

步骤 08：

①添加蒙版。首先绘制两个形状，选中两个形状并右击，选择"建立剪切蒙版"，完成蒙版的添加。谁在第一层谁就是显示区域，如图 2-97 所示。

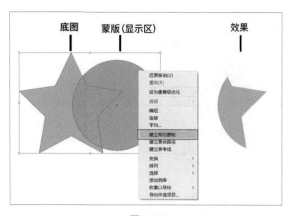

图 2-97

②绘制高光图形：复制蓝色屏幕，用矩形工具绘制黄色条状形状，选中黄条层和蓝色屏幕层两层（屏幕层在上），右击，选择"建立剪切蒙版"，完成高光图形的制作。把高光图形移动到机身上，高光颜色依喜好修改即可，如图 2-98 所示。

> **特别提示**
>
> 在使用剪切蒙版时，谁是最上面一层，谁就是显示层。

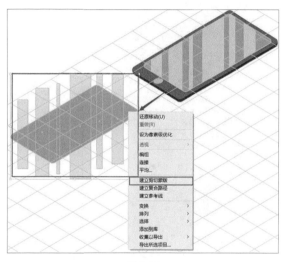

图 2-98

总结： 使用矩形网格工具绘制网格，理解剪切蒙版的显示顺序。

> **思考题**
>
> 使用网格工具，临摹一个房子的等距图，如图 2-99 所示。

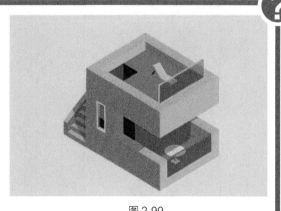

图 2-99

第 3 章

交互软件

3.1 主流交互软件认知

1. Adobe XD

Adobe XD 是一站式 UX/UI 设计平台，在这款产品中用户可以进行移动应用和网页设计与原型制作。同时它也是唯一一款结合设计与建立原型功能的软件。优点是完全免费，可以在官网下载。

特别提示

XD 没有独立的安装包，只能通过 Adobe Creative Cloud 在线安装。图标如图 3-1 所示。

图 3-1

2. Sketch

Sketch 简单易用，上手难度低。它也是近几年最流行的 UI 设计软件之一，它线框图和视觉稿样样精通，同时还可以配合移动端的 App 提前预览设计稿。缺点是只有苹果电脑可以使用，图标如图 3-2 所示。

图 3-2

3. Axure

Axure 是目前主流的设计工具之一，配合组件库，可以快速调出需要的控件、基本元素、窗口等，快速进行交互原型制作，也可进行交互动画制作，更清晰地展示原型的流程，图标如图 3-3 所示。

图 3-3

4. Principle

Principle 的界面和 Sketch 类似，同时配合 Sketch 使用也非常方便。它主要是做两个页面间过渡转场特效、元素切换、细节动效的工具。优点是效率高、做出来的内容质感好，缺点是不能做整套原型，图标如图 3-4 所示。

图 3-4

5. ProtoPie

ProtoPie 是一款高保真交互原型设计软件，功能齐全，上手简单，是无代码原型工具，轻松组合即可制作交互动效，摆脱代码束缚，体验感应式交互，降低了制作门槛，支持多种演示平台，非常适合 App 开发人员使用，如图 3-5 所示。

ProtoPie

图 3-5

总结： 综上所述，XD 和 Axure 是同时支持 PC 平台和苹果平台的软件，对没有苹果电脑的读者来说是一大福音，而 Sketch 软件的特点和 XD 类似，即使没有苹果电脑也可以快速掌握。ProtoPie 则可以制作出逼真的高保真原型。

3.2 Adobe XD

Adobe XD 软件是一款专为设计师打造的用于原型设计、界面设计和交互设计的软件，它能够设计任何用户体验界面、创建原型和共享文档。从计算机端网站和手机端移动应用程序设计到语音交互等，Adobe XD 软件都能全面覆盖和实现。

3.2.1 初识 Adobe XD

1. 主页

双击图标，打开 Adobe XD，在初始界面中选择一个尺寸开始设计，一般手机界面设计选择 iPhone 6 大小，即一倍图（375px×667px），后面章节会详细讲解尺寸适配的问题，如图 3-6 所示。

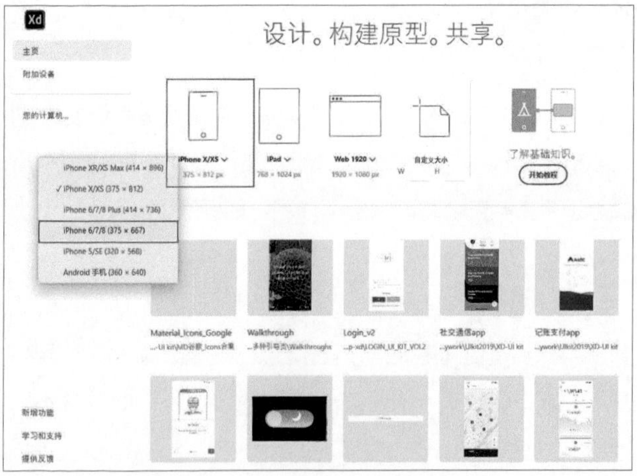

图 3-6

2. 界面

它和 PS 的界面有点像，大致有 5 个部分，左侧是工具栏，旁边是图层栏，左下方是样式切换区，中间是画布，右侧是属性栏。值得一提的是，该软件上方有设计和原型两个选项，用户可以在两者间自由切换，如图 3-7 所示。

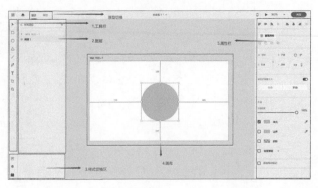

图 3-7

3. 资源区

单击"资源区"图标，然后单击"颜色"旁边的加号，可以存储当前形状颜色。经常使用的某种颜色可以存储起来，方便以后使用，如图 3-8 所示。

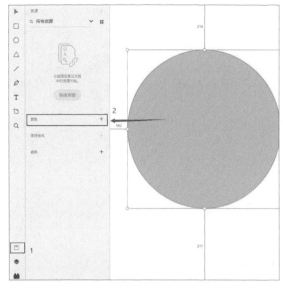

图 3-8

4. 重复网格

在复制单一形状时，单击重复网格按钮，出现方框，向下或向右拖动，可以进行形状的复制。在排版时巧用这一功能，可以提高效率，如图 3-9 所示。

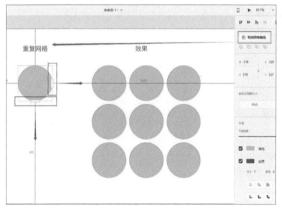

图 3-9

5. 自动分布

在重复网格状态下，拖动 3 张图片到形状上，图片自动分布在形状上，这个功能在做排版时很常用，如图 3-10 所示。

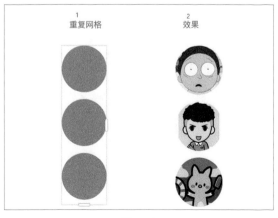

图 3-10

6. 原型

① 新建画布大小（iPhone 6：375px×667px），使用矩形工具绘制 2 个界面，如图 3-11 所示。

图 3-11

② 单击原型按钮进入原型状态，选中蓝色按钮，出现箭头，拖动到第 2 个界面上，完成原型设计，如图 3-12 所示。

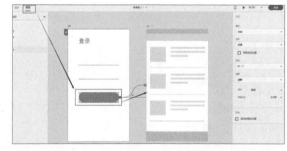

图 3-12

③ 单击右上角的播放按钮，出现预览窗口，单击设置的蓝色按钮，体验交互效果，如图 3-13 所示。

图 3-13

3.2.2　侧边栏滑动

步骤 01: 新建 iPhone 6 大小的画布,调整背景外观,设置"填充"颜色为灰色,如图 3-14 所示。

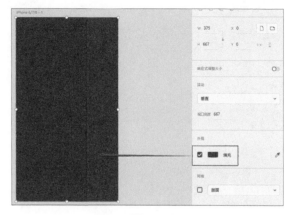

图 3-14

步骤 02: 绘制两个界面。

① 绘制界面 1: 使用直线工具绘制 3 条线,线段端点改为圆形,大小为 2。选中 3 条线段,按快捷键 Ctrl+G 编成组,并命名为"b01",如图 3-15 所示。

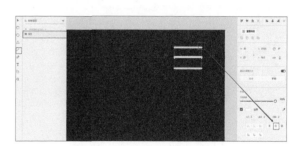

图 3-15

② 绘制界面 2: 选中界面 1,按快捷键 Ctrl+C 和快捷键 Ctrl+V 复制一个出来,删掉右上角的按钮,如图 3-16 所示。

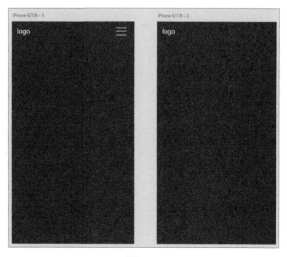

图 3-16

③绘制 X 按钮：选择直线工具，在按住 Shift 键的同时拖动绘制直线，按快捷键 Ctrl+D 原地复制，然后单击水平翻转图标，再按快捷键 Ctrl+G 将两条直线编成组，将按钮命名为"X"，如图 3-17 所示。

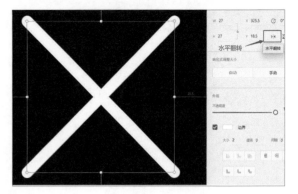

图 3-17

④绘制导航栏：用矩形工具绘制黑色形状并移至底层，打出"Home""Service""About""Contant"等字样，选中所有元素，按快捷键 Ctrl+G 编成组，并命名为"Nav"，如图 3-18 所示。

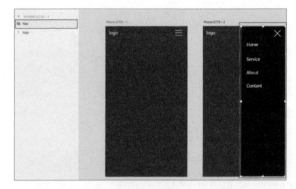

图 3-18

步骤 03：

①复制导航栏到界面 1 中，并把 4 个单词按阶梯状排好，如图 3-19 所示。

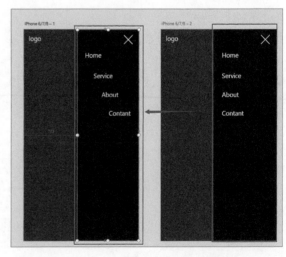

图 3-19

②调整导航栏至右侧边缘，设置不透明度为 0%，如图 3-20 所示。

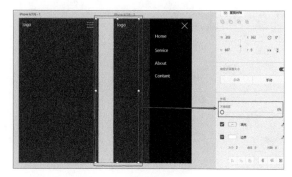

图 3-20

步骤 04：原型设计。

①选中界面 1 中的█按钮，连接到界面 2，设置动作为自动制作动画，如图 3-21 所示。

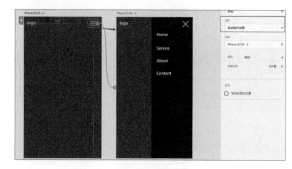

图 3-21

②选中界面 2 中的█按钮，连接到界面 1，设置动作为"自动制作动画"，如图 3-22 所示。

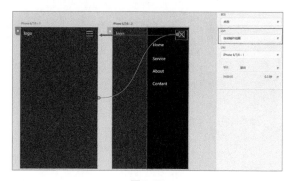

图 3-22

总结：这个案例其实就是利用了 Adobe XD 的动画过渡效果，简单来讲就是 A 点到 B 点的变化，利用不透明度产生过渡效果，如图 3-23 所示。

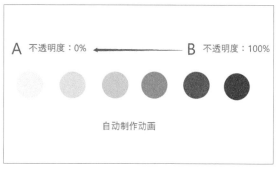

图 3-23

3.2.3 上下滑动

步骤 01：设置背景。

①新建 iPhone 6 大小的画布，
选中画板，调整背景外观为浅灰色，
如图 3-24 所示。

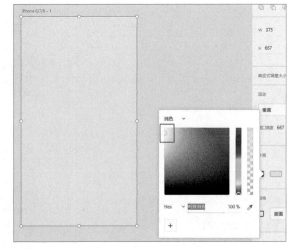

图 3-24

②用矩形工具绘制顶部栏、内容栏、底部栏，其中顶部栏和底部栏位于顶层，并按快捷键
Ctrl+G 编成组，如图 3-25 所示。

步骤 02：选中内容栏，按住 Alt 键复制 3 个，移至下方，如图 3-26 所示。

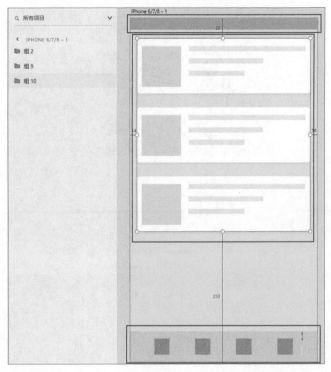

图 3-25

图 3-26

步骤 03： 选中画布，拉伸画布下方，蓝色方块处是显示的边界，滚动状态选择垂直，如图 3-27 所示。

图 3-27

步骤 04： 切换至原型模式，选择顶部栏和底部栏，勾选右侧的"滚动时固定位置"复选框，如图 3-28 所示，操作完成。

特别提示

在做上下滚动时，要将固定不动的图层排列至顶部，并且在设置原型时勾选"滚动时固定位置"复选框。

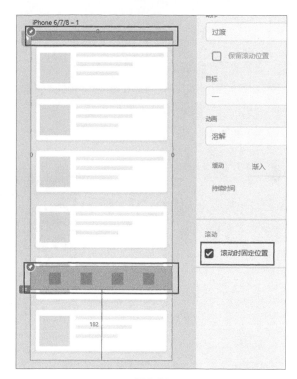

图 3-28

3.2.4 实战：蓝湖团队协作

蓝湖是一款设计辅助软件，2018 年已经完美支持 Adobe XD、Photoshop 和 Sketch 的所有标注、切图、交互、演示等功能，目前可以免费使用，如图 3-29 所示。

图 3-29

它解决了产品经理、设计师、开发人员之间的沟通问题，减少了不必要的重复性切图，提高了团队的工作效率。目前该软件是可以免费使用的。另外还提供各个主流设计软件的插件，一键上传到蓝湖，使软件之间无缝切换。

下面来看 Adobe XD 配合蓝湖使用的例子。

步骤 01：在蓝湖官网下载蓝湖 Adobe XD 插件，如图 3-30 所示。

图 3-30

步骤 02：打开 Adobe XD 源文件，同时打开 XD 蓝湖插件，把 3 个页面上传至蓝湖中，如图 3-31 所示。

图 3-31

步骤 03：上传完后单击"浏览项目"，默认上传到演示项目文件夹中，如图 3-32 所示。

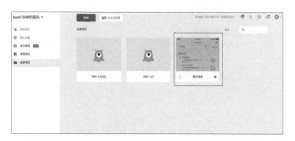

图 3-32

步骤 04：选中 3 个页面，单击左上角的加号，把上传的 3 个页面整理到一个组里，如图 3-33 所示。

图 3-33

步骤 05：选中要做交互的页面，单击上方按钮进入交互原型模式，如图 3-34 所示。

图 3-34

步骤 06：框选交互区域，选择好跳转至的页面，如图 3-35 所示。

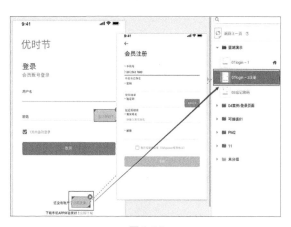

图 3-35

步骤 07：单击"演示"按钮，
观看效果，如图 3-36 所示。

图 3-36

步骤 08：单击"分享"按钮，
生成网址，可以在微信内浏览，如
图 3-37 所示。

图 3-37

步骤 09：返回界面，单击"标
注"按钮，如图 3-38 所示。

图 3-38

步骤 10：在标注页面查看页面标注、代码，同时也可一键切图，如图 3-39 所示。

总结：蓝湖可以使设计师更快地交付设计图，自动标注设计图和生成代码，团队成员可在线编辑，提高了团队效率。它操作简单，对新手非常友好。

图 3-39

3.3 Axure

在大公司中，由于职位分工明确，大多数原型为产品经理制作。但是在中小企业中，要求设计师兼具设计原型的能力也是不可避免的情形之一。

Axure RP 是一个专业的快速原型设计工具，让负责定义需求和规格、设计功能和界面的专家能够快速创建应用软件或 Web 网站的线框图、流程图、原型和规格说明文档。作为专业的原型设计工具，它能快速、高效地创建原型，同时支持多人协作设计和版本控制管理。新的 Axure RP 9 和 Axure Cloud 将图表和可视化文档、用户体验设计和原型设计、可视化设计和导入以及开发人员切换整合到一个平台上。同时 Axure 也有手机版（axureSHARE），注册成功后，在手机上下载客户端，可将做好的原型上传至手机中预览，如图 3-40 所示。

图 3-40

3.3.1 Axure 基础

1. 界面

安装并打开 Axure（版本为 Axure RP 9），和大部分设计软件一样，左侧为页面和元件库区，上方是功能区，中间是画布，右侧是属性栏，如图 3-41 所示。

图 3-41

2. 文件 - 首选项（Preference）

可以设置界面为白色或黑暗模式，如图 3-42 所示。

图 3-42

3. 发布 - 预览选项

一般选择"Chrome 浏览器"，兼容性较好，如图 3-43 所示。

图 3-43

3.3.2　交互文档制作

1. 交互文档构成

（1）交互文档说明

说明如图 3-44 所示。

- 说明交互文档所针对的项目和功能；
- 日志记录它的创建时间、修改时间及修改原因和内容；
- 记录文档的编写人和最新的更新时间。

XX项目_XX功能_交互文档

编写人： XX
版本： V 1.09
创建时间： 2018年5月10日
更新时间： 2018年5月11日

图 3-44

（2）交互文档日志

日志包含版本号、更新时间和内容、修改人、备注等，如图 3-45 所示。

- 交互文档的 Title 有效地保证了交互文档的唯一性，即该文档对应的是 XX 项目或 XX 项目的 XX 功能；
- 通过记录编写人、版本号、创建时间和更新时间，方便在对文档内容有疑问时，找到对应的时间节点和该文档的负责人，便于对接和修正；
- 在更新记录中，需要有效地标明版本号、更新时间、更新内容和修改人，便于在对文档内容有疑问时，定位到是哪一部分出现了问题，该部分的对接人是谁，并且明确时间节点，便于版本的追溯和责任的厘清。

更新记录

版本	更新时间	更新内容	修改人	备注
V1.0	2018年1月2日	创建文档	XXX	
V1.2	2018年1月3日	1.补充XXX部分功能； 2.修改原XXX功能流程；	XXX	

图 3-45

2. 文档内容结构

文档内容结构大致包括模块名称、功能流程图、页面说明、页面跳转关系图等。交互文档结构示例如图 3-46 所示。

在文档内容的结构中，必须保证交互文档的说明和日志位于头部，便于随时查阅；在正式内容中需要灵活运用 Axure 中的图层，如分组和页面图标等。一般将页面说明和页面跳转关系统一归到一个功能流程或者一个分组下，这样既合乎逻辑也可以保证文档内容的层次感，便于查阅时的定位和展开。

图 3-46

特别提示

始终坚持"一个页面只描述一个功能"的原则，这样可以保证单个文档页面中的内容量适当，便于查阅。

在确定以上内容后，就可以保证这份交互文档结构是足够清晰的，是便于查阅的，如图 3-47 所示。

3. 交互文档该怎么写

当交互文档构成确定后，已经保证了描述对象的模块划分是清晰明确的，是不和其他模块有过多重合的，是唯一、最新、具备开发执行力的。

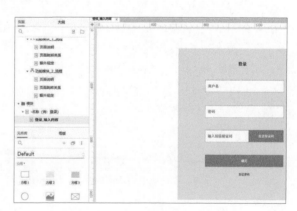

图 3-47

（1）功能流程图

功能流程图用以厘清功能逻辑，对开发人员来说是必需品。功能流程图的绘制应只针对文档中某个模块的功能，而并非针对整个交互文档描述对象。如果流程图过大，会直接导致可阅读性下降。

因此，切忌好大喜功，将某个功能描述清楚即可。

例如，在描述整个网站的交互文档中，有多个功能模块需要描述，如登录/注册、用户手机号绑定、下单/支付等，应该清晰地描述每个功能各自的功能流程，而非将之串联起来。流程图示例如图 3-48 所示。

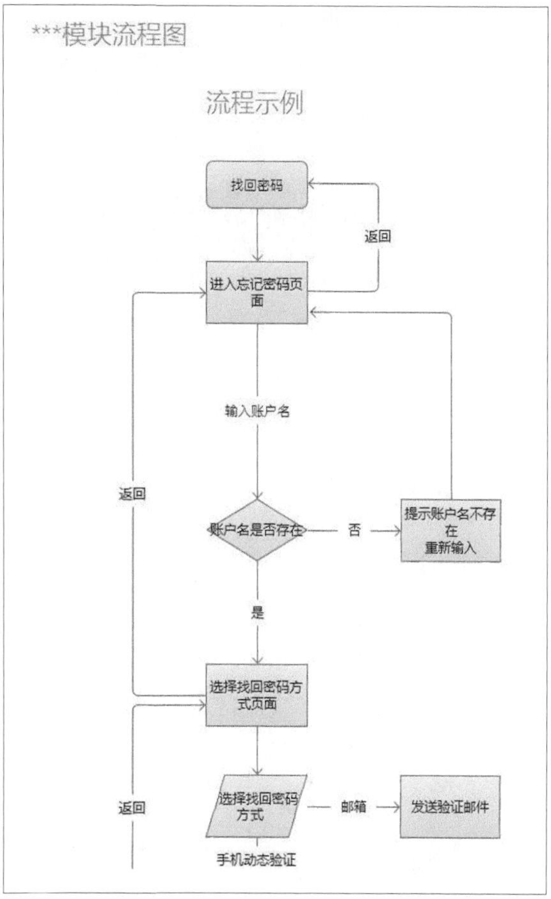

图 3-48

在 Axure 中，单击"连接"表现逻辑关系，单击箭头，选择添加端点箭头，连接两个模块，如图 3-49 所示。

图 3-49

（2）页面说明图

页面说明图可以详细说明界面中元素的来源、控件的交互方式、数据的样式、字段的长度规定、页面元素的状态变化等（该页面只作参考，实际工作中可不用这么细致），如图 3-50 所示。

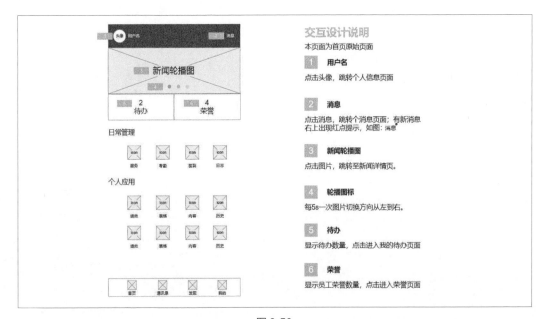

图 3-50

不建议在交互稿的页面制作中采用各种图标，一方面装饰过度，另一方面各类图标风格不一，直接降低了交互稿的美观度。交互稿件的美观体现在统一和素净，重点信息永远是对功能的描述和对各类情况的规定。

在页面说明部分中，必须保证一个交互页面中针对的只有一个功能。例如，注册登录由注册和登录构成，在页面说明页中必须分开，注册页面说明图只罗列注册功能相关页面，登录页面说明图只罗列登录功能相关页面，如图 3-51 所示。

图 3-51

（3）页面跳转关系图

页面跳转关系图是串联起页面说明图的核心，说明页面和页面之间的跳转关系。这里的规则也和功能流程图一致，只针对某个模块，不针对整个交互文档的描述对象，如图 3-52 所示。

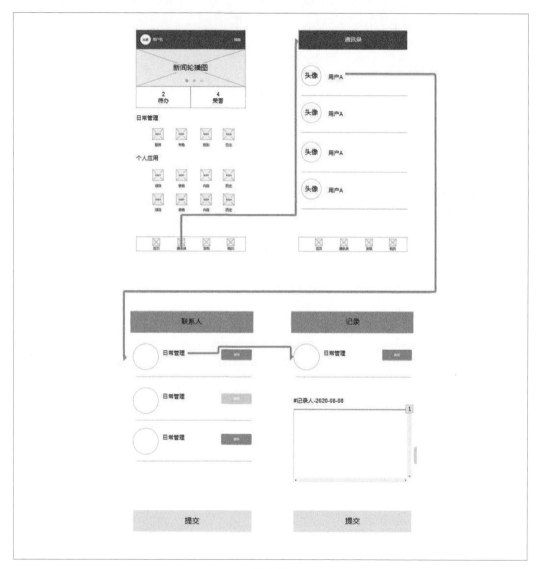

图 3-52

（4）页面备注

页面备注应注于当页下方，用红色字体标注。如页面内容过多，可考虑单独开辟一页进行说明。

总结：很多人认为交互设计师的工作重点是设计动效或者页面跳转效果，其实交互设计师更多的工作内容仍然侧重于更加逻辑化的部分，动效、页面跳转甚至页面元素的变化等的设计只是交互设计师工作中一个极小的部分。

3.3.3 实战：弹窗效果

步骤 01：拖动元件库方框绘制模块，布局大致如图 3-53 所示。

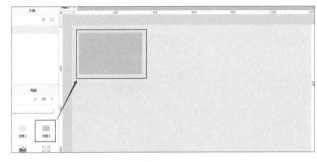

图 3-53

步骤 02：绘制关闭弹窗，选中元素，按快捷键 Ctrl+G 进行编组，并在"样式"下命名为"关闭弹窗"，如图 3-54 所示。

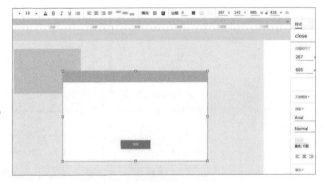

图 3-54

步骤 03：单击"确认"按钮，然后再单击"鼠标单击时，设置可见性"按钮，如图 3-55 所示。

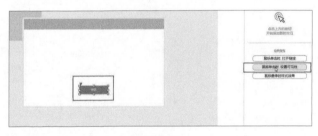

图 3-55

步骤 04：选择"关闭弹窗"选项，如图 3-56 所示。

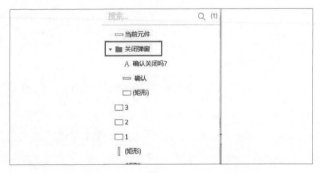

图 3-56

步骤 05：单击"隐藏"按钮，如图 3-57 所示。

图 3-57

步骤 06：选择弹窗，单击"隐藏"按钮。这样默认状态下就看不到了，如图 3-58 所示。

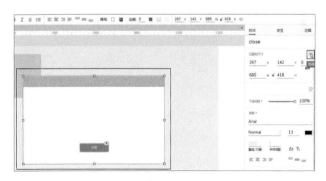

图 3-58

步骤 07：单击选中矩形 1，公共交互方式选择"鼠标单击时，设置可见性"，如图 3-59 所示。

图 3-59

步骤 08：选择"关闭弹窗"
选项（选择关闭弹窗的状态），如
图 3-60 所示。

图 3-60

步骤 09：单击"显示"按钮，
在"更多选项"中选择"遮罩效果"
（单击时需要先显示关闭的弹窗），
如图 3-61 所示。

图 3-61

步骤 10：按 F5 键预览效果，
一个常用的交互弹窗就制作完成了，
如图 3-62 所示。

图 3-62

3.3.4 二级导航叠加

在 Web 端的后台管理平台上，经常会看到侧导航。本小节来简单模仿一下交互效果，主要运用动态面板的显隐和推拉动元件的效果。

步骤 01：画 4 个矩形，填充一些颜色和文字加以标记，选中二级菜单的 3 个矩形框（1.1、1.2、1.3）右击，在弹出的快捷菜单中选择"创建动态面板"，命名为"02"，单击"隐藏"按钮，如图 3-63 所示。

步骤 02：选择一级菜单，选择"鼠标单击时，设置可见性"公共交互选项，如图 3-64 所示。

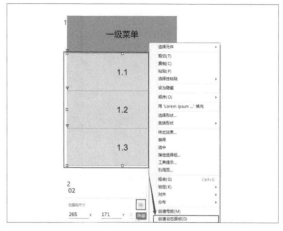

图 3-63

图 3-64

步骤 03：选择 02 动态面板，单击"切换"按钮，显示动画和隐藏动画选择"淡入淡出"，单击"更多选项"，选择"展开 / 收起元件"，如图 3-65 所示。

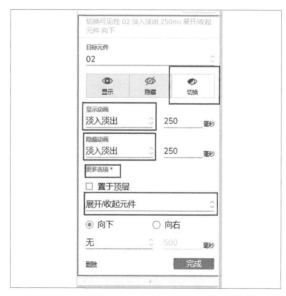

图 3-65

85

步骤 04：全选所有菜单，按住 Ctrl 键拖动复制 3 个，放置在一级菜单下面，按 F5 键观察效果，如图 3-66 所示，操作完成。

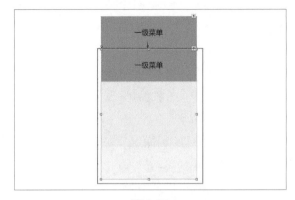

图 3-66

3.3.5 动态面板应用

动态面板在 Axure 里经常被使用到，它是一个多层容器。举例来说，好比一本书有很多页面，每一个页面（层）中放不同内容，它可以与其他元件组合使用，实现动态切换改变状态的效果。

步骤 01：新建文件，页面尺寸设置为 iPhone 8 大小，如图 3-67 所示。

图 3-67

步骤 02：绘制界面。绘制首页底部标签栏的图标，执行"插入"→"形状"命令，插入相应的形状即可，背景用方框填充一个颜色，如图 3-68 所示。

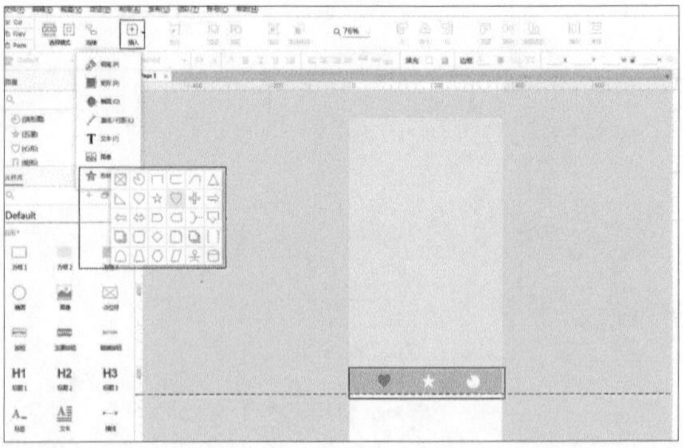

图 3-68

步骤 03：全选底部标签栏、背景和图标，转化为动态面板（所有元素合并），双击动态面板进入动态面板，单击"复制状态"按钮（3 个页面图标、背景填充不同颜色），如图 3-69 所示。

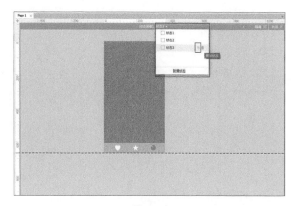

图 3-69

步骤 04：切换回大纲视图，拖动图像热区到图标上方，如图 3-70 所示。

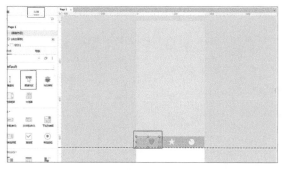

图 3-70

步骤 05：设置交互。新建交互，设置鼠标单击时的面板状态为动态面板，状态选择"状态 1"，如图 3-71 所示。

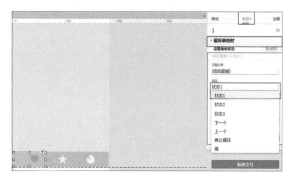

图 3-71

步骤 06：　复制出剩下两个交互，用同样的方法分别更改对应状态为状态 2 和状态 3 即可（每个图像热区对应相应界面），如图 3-72 所示。

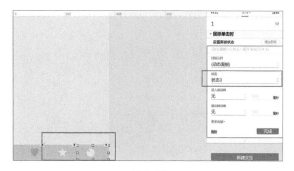

图 3-72

练习题

模仿飞猪 App 首页，用 Axure 制作低保真原型，实现 4 个页面跳转功能，如图 3-73 所示。

图 3-73

第 4 章

视觉设计基础
与规范

4.1 界面层次设计

在做设计时，很多时候产品经理或甲方看完初稿总会说："好像少了点什么，你再优化优化。"其实这都是界面缺乏层次的表现。那么什么是界面的层次感呢？

层次感是建立在视觉合理的基础上，对强调或突出的主体与画面其他元素进行区分，通过版面的元素大小、远近、前后关系进行布局。用户在使用产品时会产生视觉层次的变化。

从用户体验角度来讲，相较于毫无重点的界面，具有良好层次的界面会更受用户欢迎。因为有层次感的设计有着设计美感，而且还建立了视觉层级，方便用户快速获取信息，理解内容，从而提高用户体验，降低跳出率。App 要做出好的层次感，可以最弱的区分用留白，其次用分隔线，页面过多板块之间分隔可以用粗分隔线。

图 4-1 所示是一个典型的信息流产品，此类产品的特点是信息类型很多，需要用分隔线来区分不同信息内容。

图 4-1

左图不同板块间用了留白，而同一列表内发布者与内容用分隔线来分隔，视觉层次容易混乱，不同板块无明显区分。右图则下方信息卡片之间用细分隔线区分，两个板块之间用粗分隔线，这种方法更具层次，明显区分不同板块，更易阅读。

4.1.1 文字层级

1. 在页面设计中，对于文字要注意两点

①板块的层次遵循大方向的统一。

②局部的字体对比是在做界面时始终要注意的一点。

第一点就是页面中相同属性的板块要保持统一，如列表的通用样式，出现 Feed 流形式的列表就要套用产品内通用的规范组件。而第二点中的局部的对比是指，如果一个列表信息中包含 N 种不同信息的字段，不是每种字段都要有样式上的区分，没必要区分的字段可以保持统一，从而形成整体和谐的效果。

百度知道 App 的一个列表内包含 3 种不同字段，多个版本对比如图 4-2 所示。

这里共有标题、简介、点赞和评论 3 个层级，左侧图中（1.0 版本）标题是第一层级，简介是第二层级，而点赞和评论也用黑色，信息层级较为混乱。

图 4-2

2. 文字的层级的区分方法

一般来讲文字可以从色相、大小、字重（粗细）、倾斜、色彩明度等方面来做区分。其中首选文字大小，如果文字层级过多，通过大小和粗细都无法明显区分层级时，可以考虑调整色彩明度，或者增加文字的倾斜样式，如图 4-3 所示。

图 4-3

3. 用主题文字拉开对比

在制作 banner 或者海报时，都会用主题文字来吸引用户视线。界面设计也是如此，要让用户

第一时间看到要点，其他元素应退后。Boss 直聘 App 界面如图 4-4 左图所示。

职位列表第一层文字从大小、字重和明度上做出对比，而二、三级文字则对比微弱，这样就显得标题更突出，有视觉焦点，同样右图美团 App 界面中也用了相同的处理方式。

图 4-4

总结： 层次设计贯穿整个页面设计，对于字体、色彩与细节，最关键的就是要学会取舍，找到设计的重心。初级设计师做设计时喜欢面面俱到，花费大量时间去为一个辅助页面画精致插图，从而陷入细节泥潭，忽略了整体的层次布局。所以在做设计时要区分主次，分清哪些是重要设计，哪些是次要设计，从整体出发。

4.1.2 配色原理

1. 色彩的三属性

我们把颜色属性分为"色相""明度（亮度）""饱和度（纯度）"3 个，色彩可以根据三属性进行体系化的归类。为了掌握无数的色彩并运用自如，必须充分理解这 3 个属性。

色相（Hue） 是色彩的首要特征，是区别各种不同色彩的最准确的标准。事实上任何黑、白、灰以外的颜色都有色相的属性。

饱和度（Saturation） 指的是色彩纯度，是色彩的构成要素之一。纯度越高，表现越鲜明，纯度较低，表现则较黯淡。

明度（Brightness） 是眼睛对光源和物体表面的明暗程度的感觉，主要是由光线强弱决定的一种视觉经验。一般来说，光线越强，看上去越亮，光线越弱，看上去越暗，如图 4-5 所示。

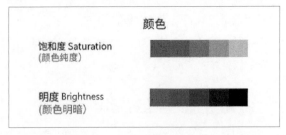

图 4-5

特别提示

配色时用在线配色工具 topdodo 十分方便。

2. 互补色

当两个色彩距离 180°，在色轮上相对，这时的色彩变化是最大的，产生了最强烈的对比。很多撞色的情况也是在这种对比下发生的。通常会把这对颜色称为互补色，如图 4-6 所示。

它的特点是： 两种颜色在色轮中相对，令人产生自然愉悦的感觉，一般使用一个主色，如图 4-7 所示。在图 4-7 中，房间左侧为冷色，右侧为暖色，形成冷暖对比。

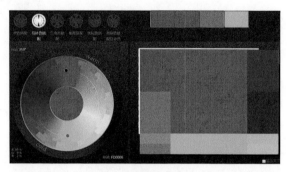

图 4-6

图 4-7

特别提示

主色和辅色的比例通常为 6 : 4 或 7 : 3。

3. 类似色

类似色也就是相似色。在色轮上 90° 内相邻接的色统称为类似色，例如，红 - 红橙 - 橙、黄 - 黄绿 - 绿、蓝 - 蓝紫 - 紫等均为类似色，如图 4-8 所示。

类似色色相对比不强，是色彩较为相近的颜色，它们不会互相冲突，在室内设计中可以营造出更为

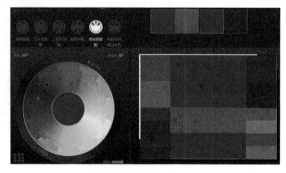

图 4-8

协调、平和的氛围。这些颜色适用于客厅、书房或卧室。

它的特点是：3 种颜色在色轮中相邻，搭配简单，令人平静、舒适、自然，如图 4-9 所示。

在图 4-9 中，以大面积的橙色作为底色，搭配高饱和度的黄色，这些色彩的"温度"都很高，很好地表现出了朝气蓬勃的感觉。

图 4-9

特别提示

橙色表达的情感是非常暧昧的，这种暧昧感使得它比红色更加温和，比黄色更加老练，即它有一种中性的魅力。属于橙色的关键词有：活跃、温暖、喜悦、朝气蓬勃、明快、跃动、亲近、丰收、健康。

4. 三角形配色

三角形配色的特点是 3 种颜色在色轮中距离相等，可表现超现实主义，适合卡通场景，如图 4-10 所示。

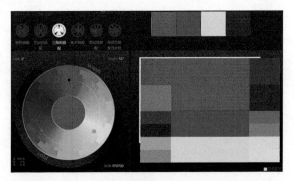

图 4-10

三角形配色在卡通场景中比较常见，如图 4-11 所示。

特别提示

黄色可赋予画面更多活力。属于黄色的关键词有：明亮、健康、幽默、希望、开放感、未来、宽厚、轻快、幸福、纯洁、明快。

图 4-11

在图 4-11 中，黄色和紫色形成互补色，点缀红色，其中泛橙色的黄色比原色黄更能营造柔和温暖的氛围，给人以平和积极的印象，更能表现亲切的感觉。

总结：色调对色彩给人的印象的影响很大。要营造某种"氛围"或者"心情"，都可以通过色调的灵活运用而达到目的。同一类色调或者类似色调可以凝聚整体的配色效果，使画面展现统一的世界观，也可以提高画面的质感。

配色时要先取得整体的协调，再强调某一部分，然后再审视整体的平衡度。

用同一个构图，根据配色原理，制作春、夏、秋、冬的配色，如图 4-12 所示。

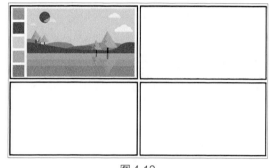

图 4-12

4.1.3　Logo 常用设计法

大部分视觉设计师在工作中都会遇到 Logo 设计，每个设计师都有自己独特的思路和方法。在设计过程中有理性的方法也有感性的发挥。流程归纳下来有以下几步。

①前期准备（需求分析及设计方向分析）。
②素材搜集。
③草图绘制（手绘 + 快速矢量）。
④甄选 + 细化阶段。
⑤设计完善。

1. 前期准备

前期准备包括产品信息了解和竞品分析两点，这些是最基本也最重要的。一般会重点问一下需求方以下几个问题。

①颜色：在颜色方面是怎么想的？
②方向：企业产品和主营业务是什么？
③形式：喜欢什么样式的 Logo，有没有喜欢的案例？
④气质：对公司或者产品的未来的憧憬是什么？

2. 素材收集

归纳信息，从搜集到的所有的信息中提取有用的信息或者元素，并且把它们总结成关键词或者一句话，实体产品图片也要作为一个元素摆出来。

例如对于一个美妆品牌，可能得到的关键词和元素有 20~30 岁女性、产品名称、年轻、美丽、活力、品质生活、现代女性、产品造型图片等，依次把它们写下来。

3. 草图绘制

进行头脑风暴，利用这些关键词，开动大脑做思维发散，把所有能想到的都写下来，如果是团队的话，这时候可以开一个"脑暴"会议。

例如有一个关键词是"建筑"，可以联想到楼房、建筑材料、立方体、空间等，把它们都写出来，画一点草图，如图 4-13 所示。

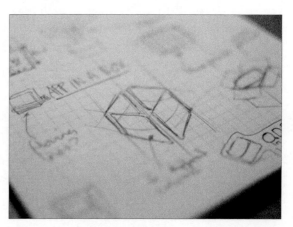

图 4-13

4. 甄选 + 细化阶段

（1）文字形式

通常利用产品名称或者公司名称作为主体元素进行设计，如图 4-14 所示。

国内互联网公司产品 Logo 通常取产品名称的首字并进行变形。

图 4-14

（2）字母形式

对公司或者产品名称中的字母进行处理，通常对首字母进行设计，如图 4-15 所示。

图 4-15

（3）具象图形

提炼特征形态符号，来传达企业的关键信息。可以是一种动物，也可以是一个符号，把企业的理想和气质含蓄地表达出来，是比较常见的设计方法，如图 4-16 所示。

图 4-16

（4）抽象图形

通过抽象的符号，例如几何图形、点、线、面、空间、肌理等的组合来体现想要表达的意思，唤起人们对于某一抽象意义、观念或情绪的记忆，如图 4-17 所示。

图 4-17

（5）负空间

负空间的运用使得这个 Logo 有一种奇幻的效果，完全考验你的空间想象力，如图 4-18 所示。

B 和 R 两个字母代表了这个品牌，微微的倾斜让整个设计看起来更有深度和立体感。

图 4-18

5. 设计完善

在这一阶段，需要对前期的设计进行细化，告诉需求方 Logo 是按照一定的美学原理做的，不是随便几个元素凑起来，提案阶段的方案可能还不够细致，这时候的图并不能达到最终想要的程度，但放到提案里面可以为你的方案加分，并且需求方能更加了解你的设计思路，如图 4-19 所示。

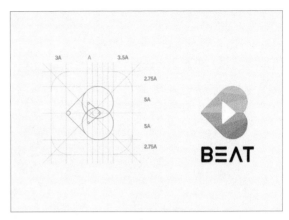

图 4-19

告诉需求方在实际运用中的效果。比如印在名片和 T 恤等周边产品上的效果，如图 4-20 所示。

图 4-20

最后完善 Logo 的每个细节，调好比例、间距、倒角、粗细等，让 Logo 更加精致动人，Logo 图当中的那些标注都是设计师的美学工具，如图 4-21 所示。

图 4-21

为了适用于不同的场景，你还要做不同的版本。例如浏览器标签的 Logo 仅仅为 16 像素 × 16 像素，缩小到这种程度会不会糊掉而无法辨识？又例如导视系统上是不是需要竖版的 Logo？你要根据使用场景制作相应的版本，并且要进行细节的调整，如图 4-22 所示。

图 4-22

总结如下。

①不要为了突出 Logo 而使用花哨的字体。这种字体一般会显得设计很"廉价"，大多数花哨的字体只是流行一时，大多使用在流行文化和商业广告中。还是选用经典、简约的字体为好。

②字体和品牌形象要相符。字重、倾斜度、衬线所带来的力量感、运动感、优雅感必须与品牌形象相符合，怎样匹配是 Logo 设计中字体部分的成败关键。

③不必面面俱到。Logo 不必面面俱到，不必阐述公司的历史，也不必完整阐述产品特点。电脑公司的 Logo 的图像不一定要是电脑（如苹果公司），餐馆的 Logo 不一定要和食物关联（如麦当劳），简单就好。

 练习题

根据自己的名字首字母设计一个 Logo，风格简约易懂。

4.1.4 海报常用版式

说到海报设计，不得不提设计之母——平面设计（Graphic Design），也称作视觉传达设计，是指在二维平面内通过多种设计组合来传递信息的视觉表现设计。

平面版式设计需要使用字体（Font）、视觉设计（Visual Design）、版面（Layout）等方面的专业技巧来达成创作的目的。平面设计非常重视版式的设计，而版式并非只有纸媒才需要重视。如果想做好移动端设计、网页设计或别的领域的设计，那么一定要加强学习平面版式的基础知识。

1. 平面构成原理

平面构成是运用点、线、面来构成基本元素的方法，是必须要学会的视觉语言，如图 4-23 所示。

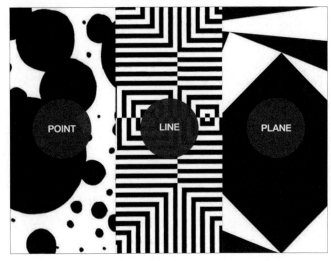

图 4-23

点的构成：点可以是不同大小的；可以是不同疏密的；可以是不同虚实的。可以是整齐的点，也可以是随意排列的点。在一个画面上也可以有大小、疏密、虚实、整齐和随意对比的，有对比就会产生韵律感。

线的构成：有竖直线、水平线、斜线、曲线等。竖直和水平都会给人以稳定的感觉，斜线会更加有冲击力，曲线会更加柔和。将不同粗细、不同韵律的线条组合，作品将更加有视觉引导的效果。

面的构成：有三角形、圆形、矩形、正方形、椭圆等。这些几何形状在视觉上是令人感觉非常舒适的，如果你在创作时没有灵感，可以从几何形状中寻求灵感。不规则形状其实也可以分解成不同的几何形状。

2. 版式组成

版式各组成部分如图 4-24 所示。

版式组成

* **主体**——视觉焦点，主导着整个设计
* **文案**——对主体的辅助说明或引导
* **点缀元素**——可有可无，遵循三角形原则
* **背景**——可分为纯色/彩色肌理/图片/图形等

TOCO &MUKU

图 4-24

主体：主体是视觉焦点，主导着整个设计（可以是人、物、文字、图片），是整个版面最吸引人的部分，作用相当于主角。

文案：文案是对主体的辅助说明或引导，毕竟，如图 4-24 中我们放一只小狐狸在页面中，用户不能准确地知道它在说什么，这时，文案就起了作用。

点缀元素：点缀元素即装饰元素，可有可无，具体根据版面需要决定；好的点缀元素能够渲染气氛，大部分的点缀元素遵循三角形原则，起群演的作用。

背景：背景可分为纯色、彩色肌理、图片、图形等。

3. 构图的 3 种形式

构图的 3 种形式为对称平衡、非对称平衡、满版平衡，如图 4-25 所示。

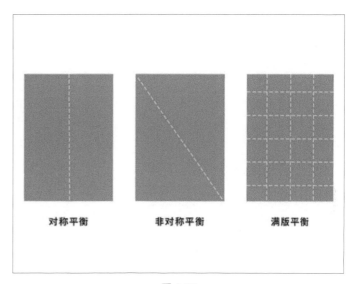

图 4-25

以歌剧院为中心，上下对称平衡，如图 4-26 所示。

图 4-26

4. 发射状构图

发射状构图常用于 banner、促销海报，如图 4-27 所示。

图 4-27

5. 排版设计五原则

对比原则：制造视觉焦点，对比效果要明显，包括大小、粗细、冷暖对比等，如图 4-28 所示。

图 4-28

对齐原则：元素不能随意摆放，明确对齐线，避免使用多种对齐方式，如图 4-29 所示。

图 4-29

亲密性原则：划分信息层级并分组，同类相近，分组不宜多，如图 4-30 所示。

图 4-30

重复原则： 重复的目的是统一，要避免太多地重复一个元素，混淆重点，如图 4-31 所示。

图 4-31

留白原则： 虚实空间对比，内容多时减少视觉分组，利用负空间，如图 4-32 所示。

图 4-32

日式海报的极简设计，如图 4-33 所示。

图 4-33

总结： 在设计海报时思考以下几点。

①主体是否鲜明，主次关系如何？
②设计原则：对比、对齐、疏密、重复和留白。
③构图分布是否对称平衡？
④细节（字体样式，颜色搭配）是否丰富。

练习题

根据以下需求，设计一张活动海报。

需求方：某电商。

风格：自定。

要求：以 12.12 购物狂欢节为主题设计宣传海报，要求如下。

① 主标题：全球狂欢节，12.12 来啦。

② 副标题：活动日期：12 月 12 日—12 月 20 日。

③ 小标题：30 优惠券，90 优惠券，120 优惠券。

④ 电商 Logo：自定。

⑤ 文件：大小为 1280px×800px，分辨率为 72ppi，格式为 JPG。

4.2 iOS 三大设计原则

在最新的 iOS 设计中，我们发现文字更粗，图标的线从轻盈转变为敦实，其实这些改变都遵从 iOS 的三大基本设计原则，即清晰、遵从、深度，如图 4-34 所示。

① 视觉层 - 清晰：从文本到图标都应该是易读的，巧妙地突出重点且表达不同的可交互性（入口在哪）。

② 交互层 - 遵从：清晰流畅的动态效果易于使用户理解内容并进行交互（我正去哪）。

③ 结构层 - 深度：视觉上的动态效果让用户理解结构层，从始至终掌握当前所在位置（我现在在哪）。

为什么要遵循规范？ 规范由无数的设计升级而来。从视觉角度来说，规范就是一个素材库。产品有什么样的视觉和元素定义都有标准可循。应保证日后迭代可以延续产品传递的价值，保证产品一致性。

图 4-34

4.2.1 清晰原则

清晰（Clarity）是指在整个系统中，文字在每一个尺寸下都清晰易读，精致而合适，使用户更易理解功能。负空间、颜色、图形、界面元素巧妙突出内容并传达交互性。

1. 颜色

一些初级设计师在刚开始设计界面的时候，因为颜色拿捏不准，习惯使用一些灰度的颜色，但是高级灰的颜色会使界面显得不清晰，难以阅读，这违背了 iOS 设计的清晰原则，如图 4-35 左图所示。

为保证色彩的清晰易读性，应尽量使用高纯度颜色（图 4-35 右图），避免在界面设计中使用过多低纯度颜色。

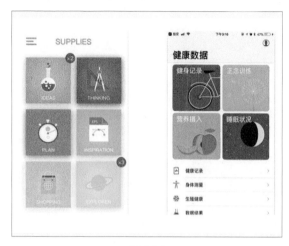

图 4-35

特别提示

高级灰并非单指灰色，像粉红色、肉色、浅蓝色、青色这些都属于高级灰色。

---

2. 排版

在对信息进行布局时，要时刻遵循对齐、重复、亲密性、对比原则。这些原则贯穿整体设计，如图 4-36 所示。

左图同一模块文字之间没有遵循对齐原则，文字大小不统一；按钮与信息模块亲密关系不够清晰；总体排版比较混乱，用户体验差。

右图图标风格颜色统一，遵循重复原则；同类功能入口集中排布，遵循亲密性原则；重要模块所有信息居中对齐，遵循对齐原则；文字左对齐，遵循对齐原则。

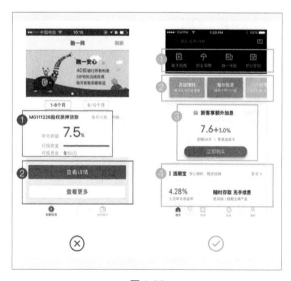

图 4-36

4.2.2 遵从原则

遵从（Deference）是指页面的交互，简单理解就是：从哪来回哪里去。流畅的动画和清晰美观的界面帮助用户了解内容，而不去干扰用户使用。内容充满屏幕，半透明和模糊暗示有更多内容。

比如 iOS 自带的一些转场交互，以设置页面为例，点击设置图标的一瞬间，会有一个由小及大的动画效果，让用户清楚地知道自己点开的是设置页面，如图 4-37 所示。

点击通知图标，通知页面从右侧向左滑入，如图 4-38 所示

遵循从哪里来回哪里去的原则，返回的时候又从左向右滑回去。

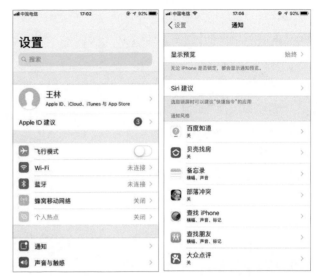

图 4-37 　　　　　　图 4-38

4.2.3 深度原则

结构层：深度（Depth）

使用不同视觉层级和真实运动效果表现层次，赋予界面活力，促进用户理解，用户不仅会通过触摸和探索发现程序使自己喜悦，从而更加了解功能，还会关注到额外的内容，如图 4-39 所示。

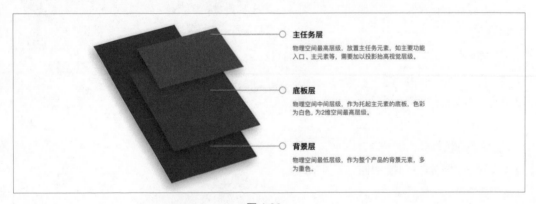

图 4-39

用户浏览内容时，层级的视觉效果提供一种深度的感觉。

4.3 iOS 界面尺寸和控件规范

对新手来讲，各种机型的设计规范是必须要熟悉并掌握的知识之一。这样才能在工作中减少犯错的概率。

4.3.1 界面尺寸

1. 界面尺寸规范

iPhone XR 设计稿采用 2 倍尺寸，和 iPhone XS Max 的设计稿相同，比常用的 iPhone 6/7/8 尺寸略高，而 iPhone XS 和以前的 iPhone X 设计稿相同，如图 4-40 所示。

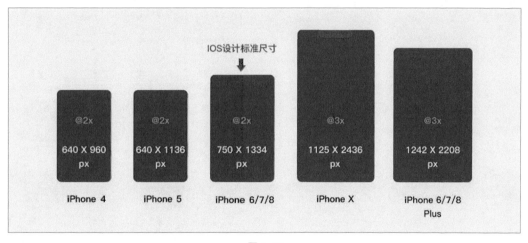

图 4-40

工作中通常以 iPhone 6（750px × 1334px）作为设计稿标准尺寸，如图 4-41 所示。因为它的调整幅度最小，方便适配。

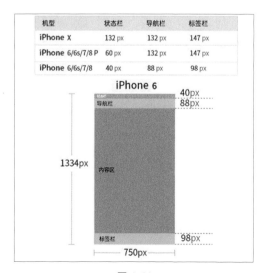

机型	状态栏	导航栏	标签栏
iPhone X	132 px	132 px	147 px
iPhone 6/6s/7/8 P	60 px	132 px	147 px
iPhone 6/6s/7/8	40 px	88 px	98 px

图 4-41

由于 iPhone X/XS 采用全面屏，因此设计时要注意底部的指示器，留一定空间，如图 4-42 所示。

要注意内容区和屏幕边缘留有一定距离，不要在此设计内容。苹果官方的竖屏边距是16pt（32px），一般工作中常用 12pt（24px）、16pt（32px）、18pt（36px）、24pt（48px）。

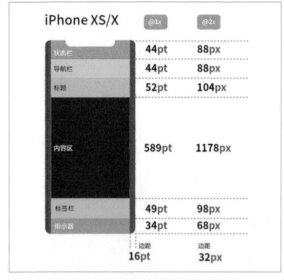

图 4-42

2. 图标尺寸规范

iOS 的图标尺寸规范如图 4-43 所示。要注意图标在最大分辨率（1024×1024）和最小分辨率时保持精细度一致。

图 4-43

从 iOS 7 开始，应用程序图标一直使用超椭圆的形状，原来旧的简单圆角半径值没有了。所以在为 iOS 设计应用程序图标时，建议使用苹果官方的应用程序图标模板。各机型图标大小如图 4-44 所示。

设备名称	App Store图标	主屏幕图标	设置	通知	Spotlight图标	工具栏和导航栏
iPhone XS Max (@3x)	1024 x 1024 px	180 x 180 px	87 x 87 px	60 x 60 px	120 x 120 px	75 x 75 px
iPhone XR (@2x)	1024 x 1024 px	120 x 120 px	58 x 58 px	40 x 40 px	80 x 80 px	50 x 50 px
iPhone X,XS (@3x)	1024 x 1024 px	180 x 180 px	87 x 87 px	60 x 60 px	120 x 120 px	75 x 75 px
iPhone 6P,7P,8P (@3x)	1024 x 1024 px	180 x 180 px	87 x 87 px	60 x 60 px	120 x 120 px	75 x 75 px
iPhone 6,6S,7,8 (@2x)	1024 x 1024 px	120 x 120 px	58 x 58 px	40 x 40 px	80 x 80 px	50 x 50 px

图 4-44

4.3.2 控件规范

在 iOS 系统中，导航栏、工具栏、搜索栏和列表等都有详细的规范。

1. 状态栏（Status Bar）

在 iPhone 6 设计规范中，状态栏高度为 40px，而在 iPhone X 中，由于有"刘海"，状态栏高度为 132px，如图 4-45 所示。

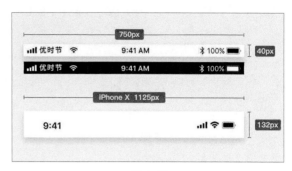

图 4-45

2. 导航栏（Navigation Bar）

导航栏包含了可以导航整个应用、管理当前界面内容的控件。它一般都存在于屏幕的顶部，状态栏的下方，如图 4-46 所示。

在 iPhone 6 设计规范中，导航栏高度为 128px，居中的标题字大小为 34px。

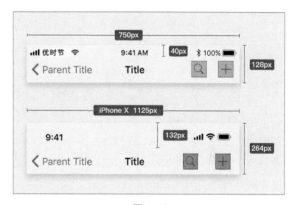

图 4-46

导航栏中的元素必须遵守如下几个对齐原则。

①返回按钮必须在左边对齐。

②当前界面的标题必须在导航栏正中。

③其他控制按钮必须在右边对齐。如果可以，尽量留存一个主要的控制按钮来保持界面的简洁和避免按钮的点按失败。

3. 工具栏（Tool Bar）

工具栏包含了一组可以管理或操作当前页面内容的动作，如编辑、转发、删除等。在 iPhone 中，它一直显示在屏幕的底部，如图 4-47 所示。

图 4-47

工具栏整体高度为 88px，功能空间可以用图标或文字展示，图标尺寸为 44px，文字按钮为 32px。

当一个页面需要超过 3 个主要的操作按钮时，就可以把这些按钮放到工具栏里了，因为这些按钮很难被放入导航栏，即便能放入也可能会让界面看起来很凌乱。

4. 搜索栏（Search Bar）

在 iPhone 6 设计规范中，搜索栏输入框背景高度为 88px，输入框高度 56px，输入框文字大小为 30px，圆角为 10px，如图 4-48 所示。

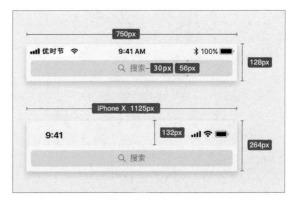

图 4-48

只要用户还没有输入内容，搜索栏内就会显示占位符，同时根据当时情况，应该有一个书签图标可以让用户访问最近搜索过的内容或用户自己保存的搜索词条。

一旦用户输入了内容，占位符就会消失，同时清除按钮就会出现在右侧边缘，用来清除用户输入的内容，如图 4-49 所示。

搜索栏可以使用一个简短的句子来作为搜索提示，介绍一下可以搜索出内容的搜索词条，比如"输入城市名、邮政编码或者机场名"。

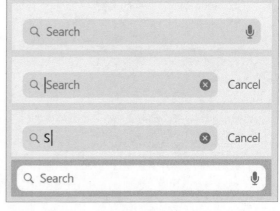

图 4-49

5. 标签栏（Tab Bar）

标签栏可以让用户快速地在一个应用的几个页面之间来回切换，它通常出现在屏幕的底部边缘，在默认情况下，它也是半透明风格，并像导航栏一样对被遮住的页面做模糊处理。

标签栏高度 98px，底部文字大小为 20px，图标大小为 44px 或 48px，如图 4-50 所示。

图 4-50

标签栏所能装下的标签个数是有限的，如果超过了最大值，那么最后一个标签就会被替换成"更多"选项，该选项会引出一个列表，里面全是被隐藏的标签及一个可以对所有标签进行重新排序的选项。

iPhone 上最多允许展示 5 个标签，在 iPad 上最多可以展示 7 个（不包括"更多"选项）。

6. 列表视图（Table View）

列表用来展示单列或多列的包含大大小小的列表样式的信息，如图 4-51 所示。它既支持将多行信息划分为一个单独的部分，也支持将信息划分为多个部分，进行分组。

列表高度为 90px，分隔线为 1px，列表图标为 58px，列表内文字大小为 34px。

图 4-51

7. 分段控件（Segment Controls）

分段控件俗称分段选项卡，顾名思义，包含了一组（至少两个）分段，默认状态下为白底蓝字，点击选中后会填充底色，变为蓝底白字，如图 4-52 所示。

图 4-52

分段控件整体高度为 88px，分段空间高度为 60px，空间中文字大小为 26px。

每一个分段都包含一个文本标签或者一个位图（图标），但不会同时包含。另外，在一个分段里使用混合数据类型（文本和图像）也是不推荐的。每个分段的宽度按照分段的数量进行自适应适配（有 2 个分段时，每个分段宽度占 50%，有 5 个分段时，每个分段宽度占 20%）。

8. 滑块（Sliders）

滑块控件允许用户在固定范围内选择一个数值。整体高度为 56 px。比方说，在调节音量时，使用滑块控件就非常合适，因为用户可以通过倾听来辨别音量是大，还是过大，但是如果通过设置一个精确的分贝值来设置音量，就会显得很不合实际，如图 4-53 所示。

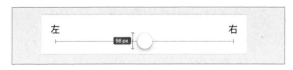

图 4-53

滑块控件是可以为最小值和最大值设置图标的，将它们分别放在滑块控件的头部和尾部，这样一来你就可以更加直观地感受到这个滑块的作用。

9. 开关（Switch）

开关允许用户快速地在开和关两种状态之间切换。它是 iOS 应用的复选框。它的开与关状态的颜色可以被自定义，但是它的外观和大小就不能被改变了，如图 4-54 所示。

图 4-54

10. 弹出层（Modals）和提示框（Alerts）

（1）弹出层（Modals）

弹出层通常以半屏悬浮弹窗形式出现，通常由下向上弹出，弹出层图标大小为 120px，文字大小为 34px（特殊提示可用彩色），如图 4-55 所示。

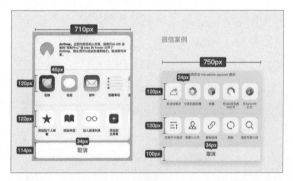

图 4-55

（2）提示框（Alerts）

提示框宽度为 540px，高度可随内容改变，内容主标题字号为 34px，副标题字号为 26px，按钮高度为 88px，其中输入框为 50px，如图 4-56 所示。

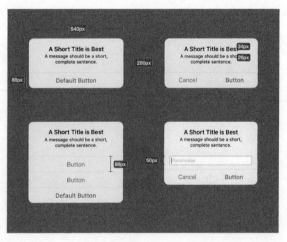

图 4-56

11. 配色（Colors）

系统级别的颜色，在苹果的设计文档中也有详细的描述，图 4-57 所示分别为默认颜色和无障碍颜色，仅供参考，在实际工作中可灵活运用。

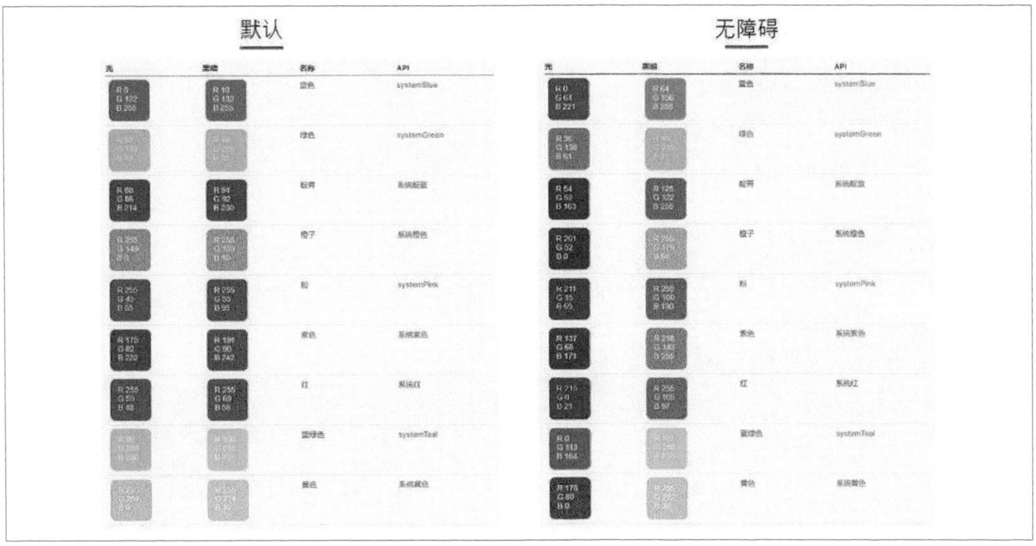

图 4-57

4.4 Android 设计原则和规范

Android 手机型号种类繁多，每个手机厂商都有一套自己的主体操作系统，因此 Android 系统的操作方式也各有不同，本章讲解的 Google 公司推出的设计语言被称为 Material Design，简称 MD。

在 2014 年的 I/O 大会上，谷歌推出了全新的设计语言 Material Design。谷歌表示，这种设计语言旨在为手机、平板电脑、台式机和"其他平台"提供更一致、更广泛的"外观和感觉"。

> **特别提示**
>
> 在了解和掌握这些规则后，我们应该灵活运用，而不是生搬硬套，被各种规则所限制住。

4.4.1 设计原则

MD 设计的核心思想：把物理世界的体验带进屏幕。去掉现实中的杂质和随机性，保留最原始纯净的形态、空间关系、变化过渡，配合虚拟世界的灵活特性，还原最贴近真实的体验，达到简约与直观的效果，如图 4-58 所示。

总结： 运用比喻，目的明确，动效表意。

图 4-58

1. 材质

在 Material Design 中，最重要信息载体就是魔法卡片，如图 4-59 所示。

纸片层叠、合并、分离，拥有现实中的厚度、惯性和反馈，同时有液体的一些特性，能自由伸展变形，如图 4-60 所示。同时要注意卡片使用时的限制。

图 4-59

可以做的事情	不可以做的事情
● 纸片可以伸缩、改变形状	● 一项操作不能同时触发两张纸片的反馈
● 纸片变形时可以裁剪内容，比如纸片缩小时，内容大小不变，而是隐藏超出部分	● 层叠的纸片，高度不能相同
● 多张纸片可以拼接成一张	● 纸片不能互相穿透
● 一张纸片可以分裂成多张	● 纸片不能弯折
● 纸片可以在任何位置凭空出现	● 纸片不能产生透视，必须平行于屏幕

图 4-60

2. 空间

Material Design 引入了 z 轴的概念，z 轴垂直于屏幕，用来表现元素的层叠关系。z 值（高度）越高，元素界面底层（水平面）越远，投影越重。这里有一个前提，即所有元素厚度都是 1dp，如图 4-61 所示。

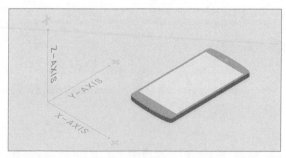

图 4-61

3. 动画

（1）三大原则

Material Design 重视动画效果。反复强调一点：动画不是装饰，有含义，能表达元素、界面之间关系，具备功能上的作用。

动画要贴近真实世界，重视缓动。物理世界的运动和变化都有加速和减速过程，忽然开始、忽然停止的匀速动画显得机械而不真实。考虑动画的缓动，首先考虑现实世界的运动规律。

原有可点击的元素都应该有反馈效果。通过动画，将点击的位置和所操作的元素关联起来，体现 Material Design 动画的功能性。

（2）MD 中的动效表意

通过过渡动画，表达界面之间的空间层级关系，并且跨界面传达信息，如图 4-62 所示。

图 4-62

从父界面进入子界面，需要抬升子元素的高度，并展开至整个屏幕中，反之亦然，如图 4-63 所示。

图 4-63

对于多个相似元素，动画的设计要有先后顺序，起到引导视线的作用，如图 4-64 所示。

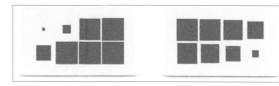

图 4-64

相似元素的运动要符合统一的规律，如图 4-65 所示。

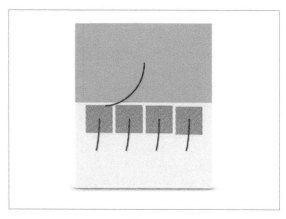

图 4-65

通过图标的变化和细节来达到
令人愉悦的效果，如图 4-66 所示。

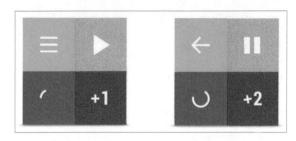

图 4-66

4. 颜色

颜色不宜过多。选取一种主色、一种辅助色（非必需），在此基础上进行明度、饱和度变化，构成配色方案，如图 4-67 所示。

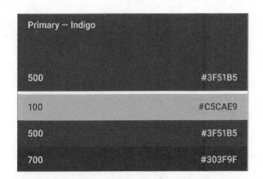

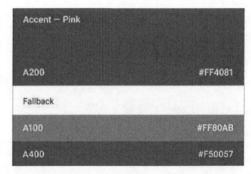

图 4-67

AppBar 背景使用主色，状态栏背景使用深一级的主色或 20% 透明度的纯黑，如图 4-68 所示。

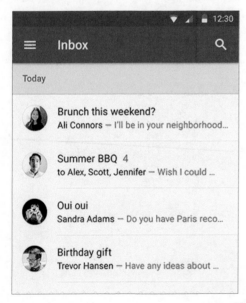

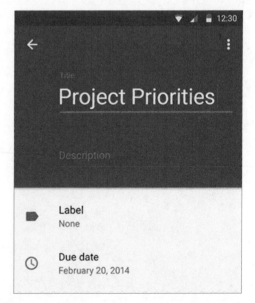

图 4-68

小面积需要高亮显示的地方使用辅助色。其余颜色通过纯黑（#000000）与纯白（#ffffff）的透明度变化来展现（包括图标和分隔线），而且透明度限定了几个值，如图 4-69 所示。

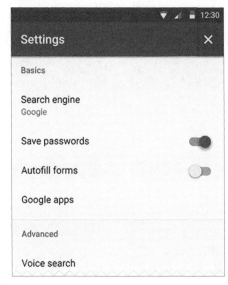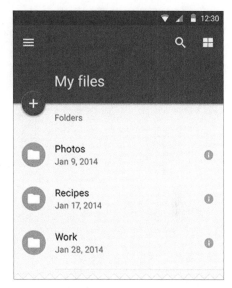

图 4-69

文字和背景：黑色为 87% 表示普通文字，黑色为 54% 表示减淡文字，黑色为 26% 表示禁用状态 / 提示文字，黑色为 12% 表示分隔线；白色为 100% 表示普通文字，白色为 70% 表示减淡文字，白色为 30% 表示禁用状态 / 提示文字，12% 表示分隔线，如图 4-70 所示。

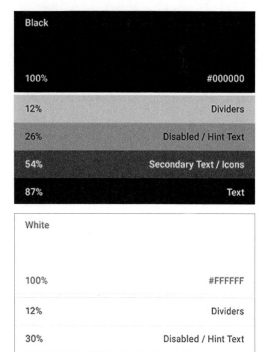

图 4-70

117

5. 图片

选用图片：描述具体事物时，优先使用照片，然后可以考虑使用插画，如图 4-71 所示。

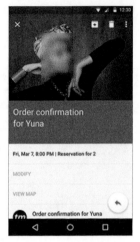

图 4-71

图片上的文字：需要淡淡的遮罩确保其可读性。深色的遮罩透明度范围为 20%~40%，浅色的遮罩透明度范围为 40%~60%，如图 4-72 所示。

对于带有文字的大幅图片，遮罩文字区域，不要遮住整张图片，如图 4-72 所示（右图）。

图 4-72

可以使用半透明的主色盖住图片，如图 4-73 所示。

提取颜色：Android L 可以从图片中提取主色，运用在其他界面元素上，如图 4-74 所示。

图 4-73   图 4-74

对话框中取消类操作项放在左边，引起变化的操作项放在右边。要写明操作项的具体效果，不要只写"是"和"否"，如图 4-84 所示。

标题文字要明确，标题不要用"确定吗"这类含糊措辞。对话框内容改变时，不会提交数据，点击"确定"后才会发生变化。对话框上方不能再层叠对话框。对话框四周留白通常是 24dp，如图 4-85 所示。

图 4-84

图 4-85

4. 分隔线

列表中有头像、图片等元素时，使用内嵌分隔线，左端与文字对齐，如图 4-86 所示。

图 4-86

没有头像、图标等元素时，需要用通栏分隔线，如图 4-87 所示。

图片本身就起到划定区域的作用，相册列表不需要分隔线。谨慎使用分隔线，留白和小标题也能起到分隔作用。能用留白的地方，优先使用留白。

分隔线的层级高于留白。通栏分隔线的层级高于内嵌分隔线，如图 4-88 所示。

图 4-87

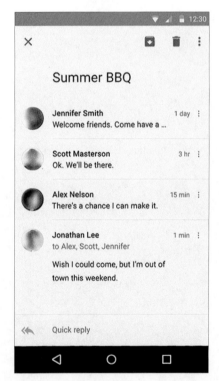

图 4-88

5. 列表规范

列表由行构成，行内包含瓦片。如果列表项内容文字超过 3 行，请改用卡片，如图 4-89 所示。

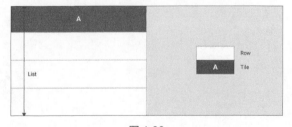

图 4-89

列表包含主操作区域和副操作
区域。副操作区域位于列表右侧，
其余都是主操作区域。同一个列表
中，主、副操作区域的内容与位置
要保持一致，如图 4-90 所示。

图 4-90

主操作区域与副操作区域的图
标或图形元素是列表控制项，列表
的控制项可以是复选框、开关、拖
动排序、展开 / 收起等，如图 4-91
所示。

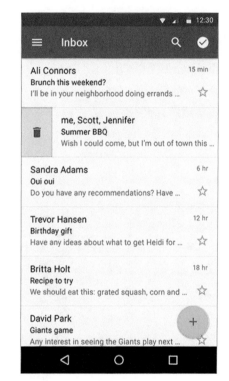

图 4-91

6. 开关规范

只有在所有选项保持可见时，
才用单选按钮，不然可以使用下拉
菜单，节省空间，如图 4-92 所示。

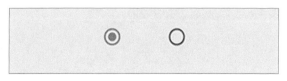

图 4-92

在同一个列表中有多项开关时，
建议使用复选框，如图 4-93 所示。

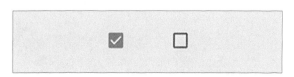

图 4-93

单个开关项建议使用滑动开关，
如图 4-94 所示。

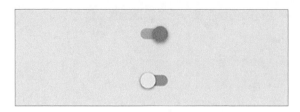

图 4-94

7. 动作条规范

动作条只用来展现不同类型的
内容，不能当导航菜单使用。动作
条至少 2 项，至多 6 项，超过 6 项
时，动作条需要变为滚动式，左右
翻页，如图 4-95、图 4-96 所示。

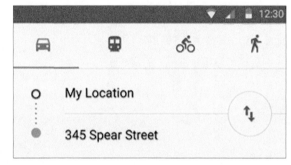

图 4-95

图 4-96

动作条文字要显示完整，字号
保持一致，不能折行，文字与图标
不能混用，如图 4-97 所示。动作
条选中项的下画线高度是 2dp。

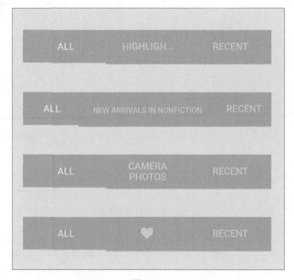

图 4-97

8. 抽屉导航规范

侧边抽屉从左侧滑出，占据整个屏幕高度，遵循普通列表的布局规则，如图 4-98 所示。

手机端的侧边抽屉距离屏幕右侧 56dp。

侧边抽屉支持滚动。如果内容过长，设置和帮助反馈可以固定在底部。抽屉收起时，会保留之前的滚动位置，如图 4-99 所示。

列表较短，不需要滚动时，设置和帮助反馈跟随在列表后面。

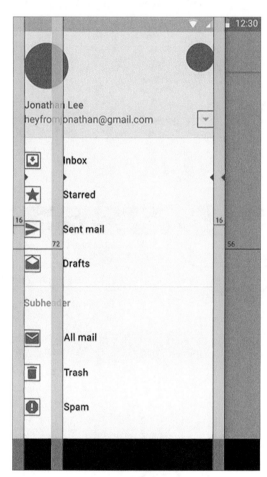

图 4-98

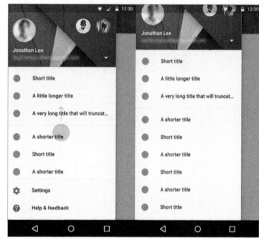

图 4-99

4.4.3 尺寸和布局规范

所有可操作元素最小点击区域尺寸：48dp×48dp。栅格系统的最小单位是 8dp，一切距离、尺寸都应该是 8dp 的整数倍。边距留白距离为 16dp，如图 4-100 所示。

以下是一些常见的尺寸与距离。

- Appbar 最小高度：56dp。
- 悬浮按钮尺寸：56dp×56dp/40dp×40dp。
- 用户头像尺寸：64dp×64dp/40dp×40dp。
- 小图标点击区域：48dp×48dp。
- 侧边抽屉到屏幕右边的距离：56dp。
- 卡片间距：8dp。
- 分隔线上下留白：8dp。
- 大多数元素的留白距离：16dp。
- 屏幕左右对齐基线：16dp。
- 文字左侧对齐基线：72dp。

图 4-100

注意 56 这个数字，许多尺寸可变的控件，比如对话框、菜单等，宽度都可以按 56 的整数倍来设计。遵循 8dp 栅格很容易找到合适的尺寸与距离。平板与 PC 上留白更多，距离与尺寸要相应增大。

安卓系统界面一般设计为 1080px×1920px，其中状态栏高度为 72px，导航栏高度为 168px，icon 大小为 64px×64px，底部栏高为 144px，如图 4-101 所示。

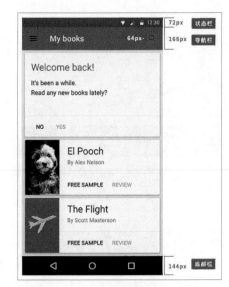

图 4-101

第 5 章

界面设计进阶

规范制图

基本确定好用辅助图形对logo规整化，细调比例大小，平衡整体的视觉。

iphone icon

60pt @3X　　　60pt @2X

5.1 界面设计常犯错误

新手设计师经常对自己的作品检查得不够仔细，没有从用户角度出发去审视作品，导致在 UI 设计中常常产生看上去还不错，差不多了的"幻觉"，作品提交后往往会被领导批评，反复改稿。

因此每当看见不对齐、扭曲或者不美观的东西，要马上修正改进，只要符合人眼的视觉偏好，符合用户使用习惯，就是好的设计方案。

1. 说明文本过浅

新手不太注意说明文字颜色的深浅问题，但颜色过浅往往会导致用户忽略这一重要信息。可以使用深浅颜色对比去解决这一问题，使得文本看起来比原始颜色更浅，文字越小，这种视觉效果越强，如图 5-1 所示。

左边的是新手的设计，绿色说明文本看上去比绿色按钮更亮，用户容易忽略下面的说明信息，而右边改版后通过使用略深的绿色，神奇地解决了这个问题。

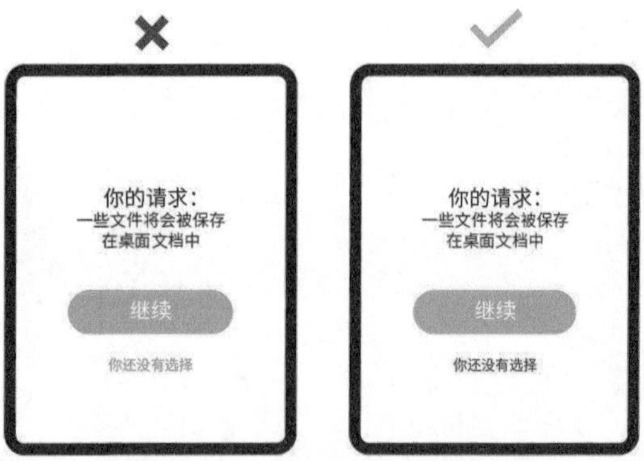

图 5-1

2. 文字粗细样式

有时候新手在文字的粗细选择上容易迷惑，如图 5-2 所示。对于某些字体来说，使用更小的字号会导致文本更加纤细和半透明化。

如果你想要强调某种信息，可以增加文字的粗度，使用粗体，设计仍保持整洁，文本依旧纤细，但更加引人注目，而且清晰易读。

图 5-2

3. 背景图片上难以阅读的文本

在背景图片上放置文本是一种常见的做法，但如果图片是动态变化的，你要确保无论背景颜色

如何，文本都保持可读性。这可以
通过足够的对比度和渐变底色来实
现：如图 5-3 所示。

半透明渐变图层是一种好方法，
即便放置在浅色背景图片上也可以
确保文本保持可读性。在 PPT 中也
经常遇到这个问题，所以在设计幻
灯片时也可以用这种方法。

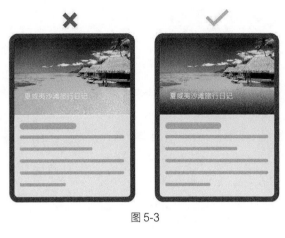

图 5-3

4. 行距错误

文本是一个重要的内容，处理
大字体时，行距经常成为一个问题，
如图 5-4 所示。

左图行距太大，过于平均，显
得内容和标题区分不开。一个好的
经验法则是，根据字体的不同，将行
距设置为比文字大小大 2pt~5pt。

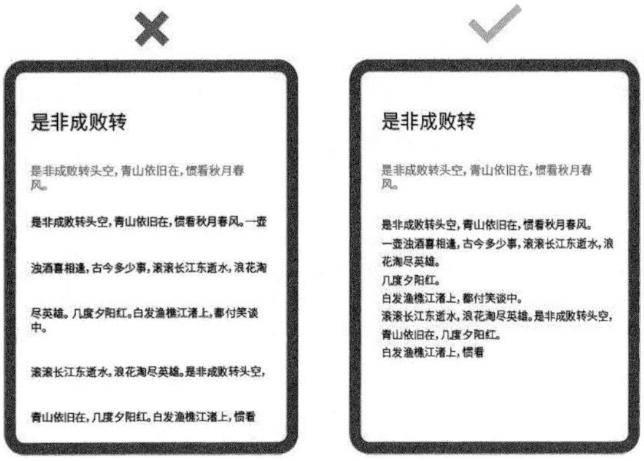

图 5-4

所以彼此相邻放置不同的形状
会导致一些意外的视觉错觉。图 5-5
所示为一个著名的米勒 - 莱尔错觉
示例。

感觉上面 2 个形状没对齐，尽
管它们实际上完美对齐。

感觉下面 2 个箭头的长度不一
样，尽管线条实际上是相同的。有
时，这些视觉错觉会使你的设计不
准确，需要在设计完后仔细检查才
能发现问题。

在这种情况下，需要微调一些
元素，使其中一条线条比另一条线
更长，尽一切努力消除视觉错觉，
使其看起来对齐，如图 5-6 所示。

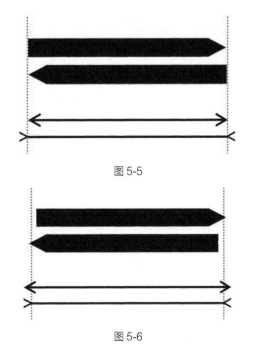

图 5-5

图 5-6

5. 元素不对齐

图 5-7 所示是一个经典案例，新手在初期作品中经常出现以下问题。

左边为按钮的圆形边缘引起的视觉不对齐效果。右边为解决这种问题的方法：一种称为"视觉补正"的方法（通常用在字体中），通过将按钮往左侧微移来修正不对齐的错觉。有时只是几个像素的微小差别，需仔细检查才能发觉。

图 5-7

6. 表单对齐不一致

当表单使用不同元素（不同形状、边框或者水平对齐方式）时，可能会发生视觉错觉，使得表单看上去似乎没有对齐：如图 5-8 所示。

左边：每种元素的设计都略有不同（有些边框是椭圆形的，有些不是），尽管有明确的对齐策略，但结果让人感觉完全扭曲。

有许多可能的解决方法，其中之一就是选择将所有的圆角改成直角，并将所有的说明文本和边框对齐。这样元素类型更加一致，左对齐的效果就更加明显，整个表单变得更加整洁和效果变得更好。

图 5-8

7. 图标不一致

新手在做图标组合时经常随意下载一些图标，没有从样式上进行细分，所以组合在一起就会出现各种问题。

图 5-9 所示的这些图标全部

图 5-9

来自同一个系列，有同样的大小和对齐方式。由于每个图标的性质和视觉重量不同，图标样式（填充和线型）不同，导致这个系列的图标在对齐上的表现不太理想。

8. 图标布局

图标多了，组合在一起，某些图标大小会有不一致的情况发生，所以需要调整某些图标的大小，或移动某些图标的位置，使其在视觉上对齐，如图 5-10 所示。

左边一些图标（机器人）让人感觉很大，而有些图标则因其设计和物理中心的不同而让人感觉没有对齐。一个可选的解决方案是选择外观一致的图标（比如一组圆形图标）。

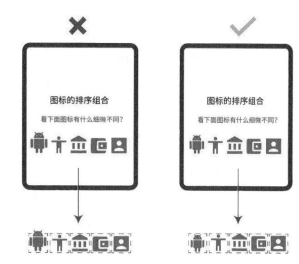

图 5-10

另一个解决方案（前面介绍过）是微调每个图标，使其并排放置时的效果更符合人眼视觉偏好。

在实际设计中，可以对图标进行修改，重复试错几次，直到设计看上去完美为止。

9. 不对称的图形

我们在元素中心位置使用非对称图形时，几何中心会造成视觉上的错误，使人感觉图形放错位置。图 5-11 所示是关于播放按钮的经典示例。

左边的示例是完美的居中（几何意义上），但右边的示例看上去更好。

解决方案是微调不对称对象，直到在视觉上对称为止。

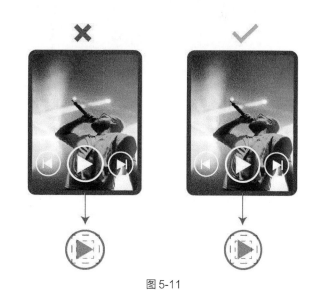

图 5-11

10. 不同的图标样式

新手在做图标时常常随意在网上下载，但常常忽略了图标的样式是否统一的问题。如果你使用一些现成的图标，最重要的是选择看上去像来自同一系列的图标。

通常，新手会陷入漫长的寻找过程，寻找那些好看的图标，却忽略了不同图标之间的视觉差异，如图 5-12 所示。

从左面的示例中你可以看出：使用不同主题（不同形状、不同样式）的图标使得 UI 给人的感受是不专业的。

用户经验可能不足以使其说出问题原因，但他们会注意到问题的存在，这就是我们经常听到用户说的"我也不知道哪里有问题，就是感觉不对"。

所以，确保选择的是采用相同的调色板、主题形状、重量和线条宽度的图标。

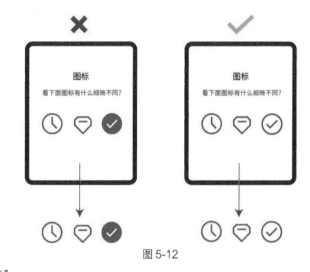

图 5-12

11. 长文本

用户体验写作应该是设计流程中的一环。一些设计考虑因素将决定文本的长度，而某些文本考虑因素将决定设计。根据经验，文本应该简洁明了，如图 5-13 所示。

所以，在处理描述性文字时，长话短说是每一位设计师要注意的问题之一。

12. 点击对象太小

新手在设计关闭按钮时经常忽略按钮的大小，导致按钮在手机上太小而无法点击，如图 5-14 所示。

根据尼尔森·诺曼的说法，交互元素必须大于1cm×1cm（0.4in×0.4in）以支持足够的选择空间并防止胖手指的点击错误。

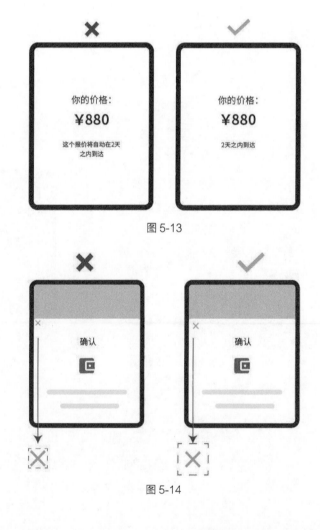

图 5-13

图 5-14

苹果公司在 2012 年前就说过这样的话，但找到不容易点击的按钮仍然非常容易。解决方法也很明显：按钮的尺寸要大于视觉内容的大小（无论是图标还是文本）。

13. 边框半径错觉

听说过贾斯特罗错觉（又名：片段错觉）吗？它是指大脑在视觉计算上的一种错觉现象，如图 5-15 所示。

里面那个形状的半径看似更大，但这只是视觉上的错误。实际上，两个形状半径是相同的，但眼睛无法捕捉它们的一致性。所以将圆角矩形按钮放在圆角矩形框架中，会发生相同的事情，如图 5-16 所示。

在上面的示例中，框架和按钮的圆角是一样的，但它们看起来就是不一样。在这种情况下，通过在框架中使用完全不同的圆角半径，以消除视觉错觉。

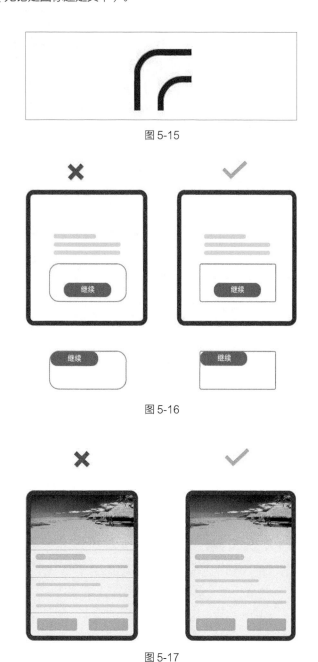

图 5-15

图 5-16

14. 边框

说起边框，太多的线条会让你的设计显得拥挤。设计师经常讨论留白，但随着产品的演化和新特征的引入（有时没有经过适当的设计流程），框架和边框不知不觉间出现，如图 5-17 所示。

摆脱视觉臃肿，改用空格分隔每组元素，就不会造成不必要的混乱。

图 5-17

15. 灰色和透明度

许多新手设计师在标题中试图使用不同的灰色阴影，从而在主标题、副标题和正文之间建立层次结构。

当文本放在彩色元素（例如背景图像）上时，灰色往往失效了。因此，我们应该使用一定透明度的白色来让元素吸收背景色，如图 5-18 所示。

使用一定透明度的灰度来代替纯灰色，这会让界面的半透明元素融合背景颜色，使其更自然。这是一个很小的设计技巧，可以带来更好的结果。

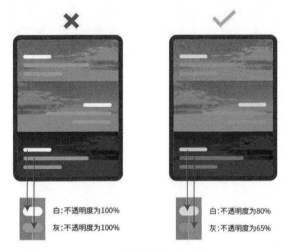

图 5-18

5.1.1 设计得"较差"的界面：播放界面详解

对于新手设计师来说，初期设计作品时往往不知从何下手，有时只是一味照搬竞品，缺少对产品的深度思考，如图 5-19 所示。

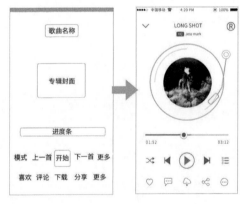

图 5-19

这个作品是由需求文档改版而来，要求界面简洁清晰，便于操作。

我们再把这个作品和成熟作品放在一起对比下，如图 5-20 所示。

我们发现新手的作品（右图）只是按照需求文档把界面上了一遍色，并没有去思考音乐产品所要求的简洁性，而且用色比较多，组合在一起让人感觉杂乱。而成熟作品（左图）整体用色克制，隐藏了不常用的功能按钮，基本符合文档的要求。

图 5-20

下面从视觉、布局、易用性 3 方面总结下新手作品的问题，如图 5-21 所示。

①界面用色多过导致视觉分散，无重点；

②填充色块过多，视觉上容易分散注意力；

③低频功能（点赞、评论、下载等）按钮所占空间过多，导致界面呼吸感不足；

④CD 设计感不足，既不写实也不卡通，显得不伦不类。

图 5-21

下面从视觉、布局、易用性 3 方面改进新手作品，如图 5-22 所示。

首先，去除多余的视觉元素（去掉"HQ"标志，将字母 R 改为灰色），把歌名下的作者姓名颜色改为灰色，和歌名形成对比。减少和主题无关的色彩元素（切歌和循环菜单按钮改为灰色）。

图 5-22

其次，精简不必要的功能，使界面更具呼吸感，如图 5-23 所示。

将低频功能（如点赞、评论、下载、分享等）按钮，移动到"更多"按钮里面，以小弹窗菜单显示。常用功能按钮，如播放按钮换成用填充表现，底部加入投影，凸显按钮视觉效果和重要性。同时 CD 的设计也更简洁，放大了封面，去掉原版不必要的冗余设计，作品改版完成。

图 5-23

5.1.2 栅格系统应用

什么是栅格系统？栅格系统英文为 Grid Systems，也有的翻译为网格系统。在设计中使用栅格系统，其实就是运用固定的格子，遵循一定的规则，进行页面的布局设计，使布局简洁、规则。

1. 栅格起源

栅格最早起源于平面设计。1692 年法国为提高印刷水平，以方格为设计基础，将一个印刷版面分成上千个小格，这就是最早的栅格雏形。再后来，慢慢演变成运用固定的格子设计版面的平面设计风格，如图 5-24 所示。

2. 网页栅格

在网页端和移动端，以规则的网格阵列来指导规范界面中的版面布局以及信息分布。在 Adobe XD 中，在设计之初，打开网格进行设计，如图 5-25 所示。

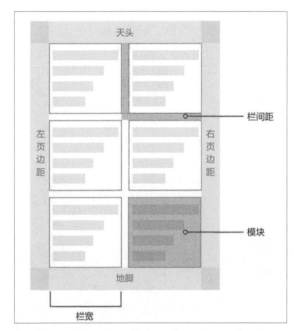

图 5-24

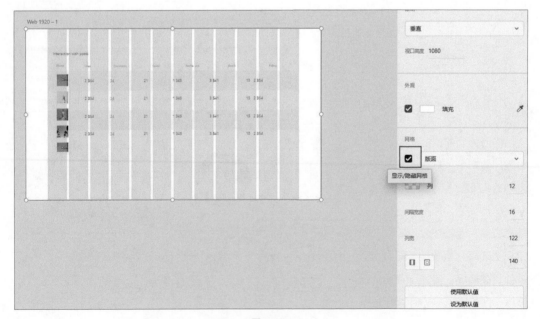

图 5-25

3. 为什么用栅格?

通过栅格的使用,可以用逻辑解释商业设计的细节问题。

设计内容都应该有所依据,当其他人质疑时,可以有底气地解释设计。设计师可以利用栅格让画面更有调性,让内容更具可读性;可以快速校准元素的位置,让画面更平衡;可以模块化地管理元素,让版面更有层次感。

小提示

这也是和产品经理理论时的重要依据之一。

4. 栅格设置七要素

(1)最小单位

网格(Gird):栅格系统的最小单位,栅格系统是由一系列规则的小网格组成的,网格是构成页面的最小单位。通常,在网页设计中经常使用 8 作为栅格的最小步进单位,一些知名公司都以 8 为最小单位划分网格,规范页面秩序,比如Ant Design、Material Design 等。

需要先定好界面的单位基础,后续内容元素和布局规则都是基于它整数倍递增。网页端最小单位为10px,移动端最小单位为 3、4、5,如图 5-26 所示。

(2)总宽度 W

总宽度:对整体布局进行规范,且还可以保证设计尺寸的统一性。界面设计要有具体尺寸,由于内容多少不确定,所以高度没有办法定死,但内容区的宽度是可以定的。比如网页的宽度一般为 1920px,如图 5-27 所示。

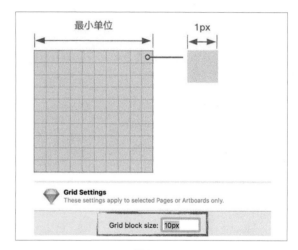

图 5-26

图 5-27

（3）列数 N

列数是界面总宽度设定好后，纵向等分成几列。网页端为 12 列、24 列（常用等分列数，当然不是固定的，需要根据自己的内容设定列数），移动端为 6 列（常用等分列数），如图 5-28 所示。

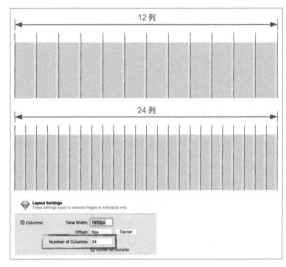

图 5-28

（4）列和槽

列（Column）：把界面总宽度等分成几列，每一列的宽度即为大列宽。列是栅格的数量单位，通常设定栅格数量说的就是列的数量，比如 12 栅格就有 12 列，24 栅格就有 24 列，如图 5-29 所示。

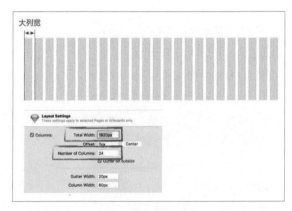

图 5-29

槽（Gutter）：相邻两列之间的间隔是水槽。水槽宽度越大，页面留白和呼吸感会更好，反之则更紧凑。水槽可以将内容更规范地区分开来，如图 5-30 所示。

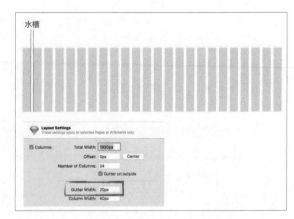

图 5-30

列宽（Column Width）：把界面总宽度等分成几列，大列宽减去相邻两列之间的间隔（水槽）后就是列宽，如图 5-31 所示。

图 5-31

（5）边距（Margin）

界面左右能保证可读性和美观度的合适的空隙就是安全边距。在 Sketch 里设置水槽后，安全边距是水槽的 0.5 倍。计算公式为 $M=G/2$，如图 5-32 所示。

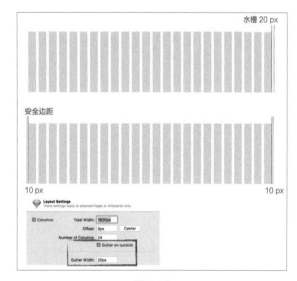

图 5-32

（6）各种设置公式汇总

N 是自定义设置的列数。大列宽 $L=W/N$，列宽 $C=W/N-G$，安全边距 $M=G/2$，如图 5-33 所示。

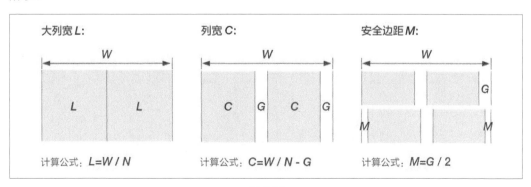

图 5-33

全链路 UI 设计：创意思维＋项目实战＋就业指导

总结：在 Sketch 里设置栅格，定义好 3 个量的数值即可，即总宽度、列数和水槽，这 3 个量定义好数值后，其他内容就会自动计算，一个栅格就生成了。

5. 主流网站的栅格系统

两个主流电商（淘宝、京东）使用栅格布置页面，如图 5-34 所示。

图 5-34

（1）淘宝布局

淘宝布局分为 4 列内容，在浏览器缩小的情况下，内容 3 被隐藏。图 5-35 包含完整内容展示布局、浏览器缩小时内容展示布局。

图 5-35

完整内容展示布局：网页总宽度为 1200px，列数为 24，水槽为 10px。

浏览器缩小时内容展示布局：总宽度为 990px，列数为 20，水槽为 10px。

在浏览器缩小时的栅格布局里，隐藏 4 列，内容 2 宽度变窄，占 10 列，其他内容不变，如图 5-36 所示。

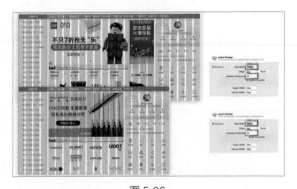

图 5-36

栅格布局设定后，可以很方便地计算出每个模块内容的宽度，如图 5-37 所示。

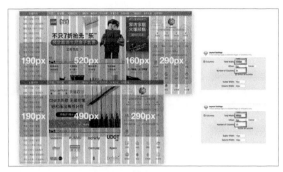

图 5-37

栅格的列数根据具体内容设定。内容模块较多，建议等分列数多一些，容易布局，如果内容模块较少，等分列数也可以少一些，就像淘宝可以等分成 24 列，也可以等分成 12 列，如图 5-38 所示。

图 5-38

（2）京东布局

京东布局和淘宝布局一样分为4 列内容，在浏览器缩小的情况下，内容 3 被隐藏。图 5-39 包含完整内容展示布局、浏览器缩小时内容展示布局。

图 5-39

完整内容展示布局：网页总宽度为 1200px，列数为 24，水槽为10px。浏览器缩小时内容展示布局：总宽度为 990px，列数为 20，水槽为 10px。

在浏览器缩小时的栅格布局里，隐藏 4 列，其他内容不变，如图 5-40所示。

图 5-40

京东栅格布局每个模块内容的宽度如图 5-41 所示。

总结：栅格的列数根据具体内容设定。京东网页等分成 24 列，也可以等分成 12 列。

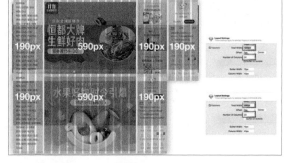

图 5-41

（3）如何使用栅格系统布置页面

第一步：确定页面宽度，比如 1920px、1800px、1600px、1366px、1280px 等。通常网页设计用 1920px 这个宽度。

第二步：常见的栅格系统通常被划分为 12 列或 24 列。我们需要根据自己的项目确定栅格的格子数量，划分的格子越多，承载的内容越精细。通常，信息繁杂的后台系统常用 24 栅格，而一些商业网站、门户网站通常划分成 12 列。

栅格不是划分得越细越好，24 栅格精细，但也容易显得琐碎，内容排布的规则太多，也就相当于没有规则。有的项目根据实际情况也会划分成 16 列、20 列，也是可以的，如图 5-42 所示。

槽的宽度数值越大，页面留白越多。

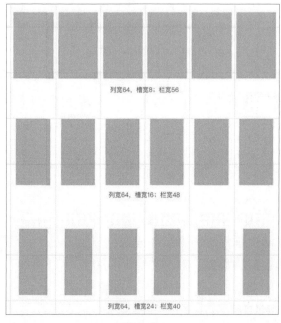

图 5-42

> **小提示**
>
> 需要注意的是，槽的区域不可以放置内容。

第三步：根据内容布置页面，确定模块之间是否有间隔，间隔尺寸是多少，在 6px、8px、10px、12px 和 20px 中选一个方便计算、方便记忆和整除的数值即可，如图 5-43 所示。

内容区的范围应从栏开始，到栏结束。

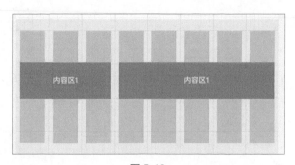

图 5-43

5.1.3 设计改版分析：手指投

1. 项目背景

手指投 App 是上海梦魅科技公司旗下的一款青少年投票社交产品。鼓励"00 后"用户用文字、图片对比来表达和分享自己的所见所想所爱，表达真正的内心意愿，让话题收集真实的意见并产生价值。App 于 2018 年上线，在竞争日趋激烈的社交产品赛道中，迎来了一次全新的品牌升级。

2. 产品现状

原产品定位于适合"00 后"的潮流时尚意见表达平台，而目前产品存在以下几点问题。

①Logo 形象老旧，缺乏时尚感。

②阅读体验不够友好，图标等细节不够精致。

③界面布局合理性有待提升，有些功能入口经常出现用户找不到的现象，如图 5-44 所示。

图 5-44

3. 改版目标

根据用户反馈和不断测试，确定了以下改版目标：

①提升品牌形象，使整体品牌更年轻化、潮流化；

②提升用户阅读体验，调整文字样式、大小，重新绘制图标等；

③完善界面设计，使整体视觉效果更加统一。

4. Logo 改版

旧版 App Logo 取自手指投的"投"字，中规中矩，这个形象看来已经有些过时，缺少年轻潮流的感觉，也非根据移动端的特性量身定做，如图 5-45 所示。

图 5-45

新版设计目标首先是符合移动端的设计标准，再做出具有更高延展性、可读性、更具象的 Logo。鉴于以上目标，一开始就敲定了用文字 + 潮流图案作为 Logo 主体的方案，如图 5-46 所示。

新的 Logo 摆脱之前红字白底单调表现，定位年轻潮流的 App 就应该有自己的个性态度，所以这里将主色定位成蓝紫色，即对"投"字进行彩色叠影设计，十分匹配追逐潮流的年轻人。

图 5-46

5. 标签栏图标

新的标签栏图标加入产品的主色调，未选中状态采用线型图标设计，选中状态采用填充加主色调叠影设计，强化了产品的印象，如图 5-47 所示。

图 5-47

6. 体验优化

（1）首页重设计

首页加入了轮播图设计，使用推荐算法将最热门的话题以轮播图形式推送给用户，用图标替换掉以前的文字功能按钮，简单易懂。

图片以卡片形式来展示给用户，对提高用户获取有效信息效率有非常大的帮助，如图 5-48 所示。

图 5-48

（2）投票界面

投票界面最关键的设计就是选择条，新版的选择条设计选择了去掉之前杂乱的多色，如图 5-49 所示。

使用和图标相同的灰色叠影设计，在颜色搭配上更统一。新版在图标上面使用了填充 + 渐变的设计方案，搭配暖色系的配色，刺激用户点击互动，如图 5-50 所示。

图 5-49

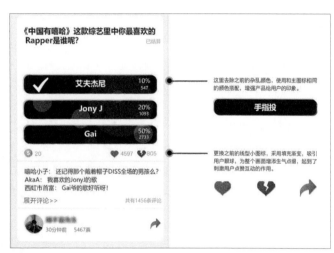

图 5-50

选择投票模块的对号同样使用主色系的设计效果，如图 5-51 所示。

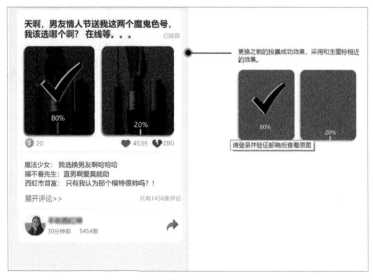

图 5-51

（3）发现界面

频道分类置于顶部，分类名称
以卡片形式设计，卡片背景使用图
案加文字的形式展现。点击卡片显
示该频道内容，左右滑动则切换不
同的频道，如图 5-52 所示。

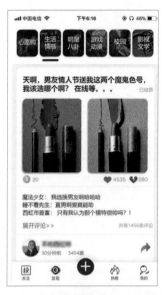

图 5-52

（4）排行榜

排行榜是很多 App 常见的界
面，新版设计的背景加入了潮流元
素的图片，将排名前三位的图标特
别设计为数字 + 图标，彰显排名和
等级感。

右侧关注按钮有两种状态，未
关注是填充形式，点击关注则变为
线型按钮，两者之间可以切换，如
图 5-53 所示。

图 5-53

5.1.4 设计改版分析：M 阅读

1. 项目背景

M 阅读 App 是一款上海梦魅科技公司旗下的潮流阅读软件产品。产品主要以英文小说为主体，
给喜欢小说的读者提供查找书籍的功能，又为有共同爱好的读者提供社交的平台。

App 于 2017 年上线，在版本快速迭代的压力下， 产品本身也在不断地暴露各种问题。在这些问题的基础之上进行大型视觉改版。

2. 产品现状

经过数个版本的迭代和用户问题反馈汇总，目前产品逐渐暴露了以下几点问题。

①功能框架拓展性不足，优质内容缺少曝光和展示。

②在基础体验方面，阅读不够友好，功能堆叠较多，需精简。

③UI 风格样式陈旧，缺乏品牌调性。

3. 竞品分析

对于商业产品来讲，一味地为了改版而创新、炫技并不可取。竞品分析能让设计更有理有据，而不是"我感觉"的模棱两可。通过了解竞品设计特点、交互规范，吸取优点。

这里找到了两个契合度较高的产品来分析，即掌阅（左）和扇贝（右），如图 5-54 所示。

掌阅作为一款主打小说阅读的 App，有以下特点：使用粗体大标题字体样式，符合 iOS 12 的设计体验；使用简洁的装饰元素，大量

图 5-54

留白设计更整洁；书籍以实物图片展示；页面跳转的动效流畅。

扇贝以英语阅读为主，有以下特点：应用直角卡片，符合现代审美；应用红白配色，和产品调性一致；运营图片设计感和风格保持一致；标签栏线型图标不是很明显，辨识度不高。

总结： 通过对两款类似产品的分析，可知作为一个以阅读和学习为主的产品，应选择以简约、整洁、易读为主要设计方向。

4. 改版目标

根据用户反馈和对竞品的视觉分析，确定了以下改版目标：

①提升品牌形象，品牌调性定义为美好、活力、品质；

②提升用户阅读体验，设计方向以年轻化、简洁、一致为主；

③优化基础体验、首页体验、详情页等，使用圆角卡片设计增加亲切感。

5. Logo 和配色

（1）Logo

根据产品属性确定Logo调性，Logo 造型取自"M 阅读"中的英文字母"M"，加上书籍翻页状态组成 Logo 整体造型，表意清晰，在各种尺寸下识别度高，如图 5-55 所示。

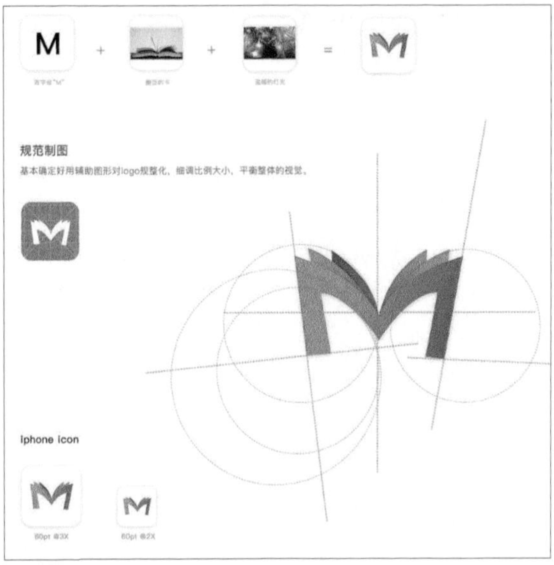

图 5-55

（2）配色

反复测试之后，决定使用橙色作为产品的主色。橙色属暖色调，给人温暖安逸的感觉，橙色灯光象征舒适感，如图 5-56 所示。

图 5-56

在实际产品应用中，文字用色极简到了用 3 种颜色即可区分所有信息的程度，如图 5-57 所示。

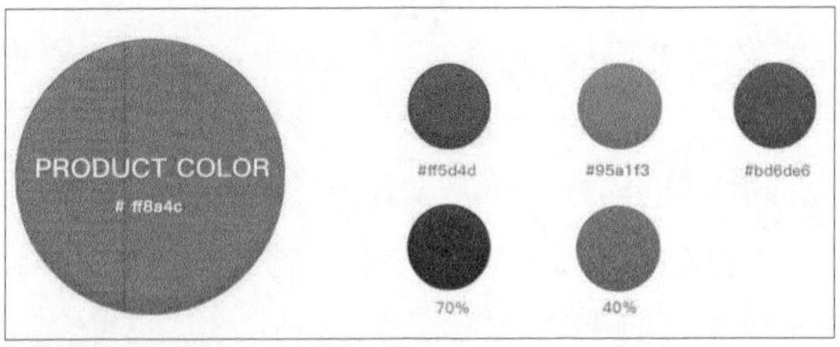

图 5-57

6. 字体规范

使用苹方字体作为主字体，标题文字加粗，内容用默认常规字体。拉开粗细差距，来做信息层级区分。标题和正文内容有所区别，一目了然，如图 5-58 所示。

图 5-58

7. 体验设计

（1）图标

功能图标和整体产品保持一致，首页图标以产品 Logo 表现，增强品牌属性，如图 5-59 所示。

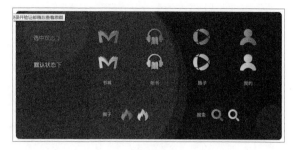

图 5-59

（2）首页

首页的书籍采用卡片形式展现，底部标签栏 4 个图标为 App 的 4 个主要功能，如图 5-60 所示。

（3）听书页面

提供书籍选择和搜索的功能的书架使用拟物的设计，让用户体验实体书架的感觉。点击书籍进入详情页面，如图 5-61 所示。

图 5-60

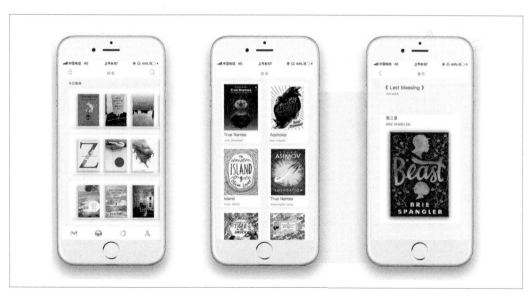

图 5-61

（4）详情页

详情页信息复杂多变，设计时遵循文字粗细对比、段落对齐原则，将作者信息、作品评价等信息展开显示。点击书籍缩略图弹出收藏按钮，低频功能尽量隐藏起来，整体给用户一种简洁感，如图5-62 所示。

（5）我的页面

打破传统的我的页面的呆板形象，功能卡片使用轻渐变为底色，以文件夹形式弹出，给用户轻松有趣的体验，如图 5-63 所示。

图 5-62

图 5-63

（6）空页面

空页面的作用在于引导用户行为，让用户知道当前所处状态，减少认知负荷。从结合产品特点出发，空页面以书本插画形式表现，简洁明了，如图 5-64 所示。

图 5-64

 练习题

找到两款功能相似的 App（如美团和饿了么），做竞品分析找出异同，并提出改版方向，做出首页改版。

5.2 运营插画技法解析

随着 UI 市场的成熟和细分，一个只懂画图标、绘制界面的 UI 设计师，可能会成为即将被淘汰的低收入工作者。想提升，就要掌握更多技能。运营插画就是一个强大的技能加分项，因为它创造力丰富、效果吸睛且易上手。

"一图胜千言"虽是老生常谈，但是图画最强大的魅力在于能用一张插画将意思表达得清晰易懂。举例来讲，在早期云端储存服务还不是十分流行时，Dropbox（网盘）官网就利用一张简单的插画来传达抽象概念，无须长篇大论用户就清晰了解产品特点，如图5-65 所示。

图 5-65

卡通动画都是儿时的回忆，插画给人正能量。色彩鲜明、形状有趣，插画是全世界的通用语言。WealthFront 是一款自动化理财软件，利用插画介绍不同的使用场景，如图5-66 所示。

总结： 插画的常用情景如下。

①空白状态。

②新手引导。

③产品功能更新。

④进度状态。

图 5-66

5.2.1 Banner 排版布局

Banner 即横幅广告（Banner Ad.）是网络广告最早采用的形式，也是目前最常见的形式之一。它是横跨于网页上的矩形公告牌，当用户点击这些公告牌的时候，通常可以链接到商家的网页。

做一张 Banner 需要掌握版式、字体、配色等，文字的布局是设计师要注意的一个点，这小节通过分析几种 Banner 常用的形式和排版，帮读者从中发现规律和方法。

1. 中心式排版

图 5-67 所示的案例便是中心式排版，在做宣传活动海报时，中心式排版是很出效果的一种形式，能使用户的注意力快速集中到视觉中心。

图 5-67

一般来讲，此类构图中心基本以文字标题为主，上下添加副标题，周围以图案点缀为辅。抛开文字、色彩、点缀等元素，这里总结了几个较典型的排版中心样式，如图 5-68 所示。

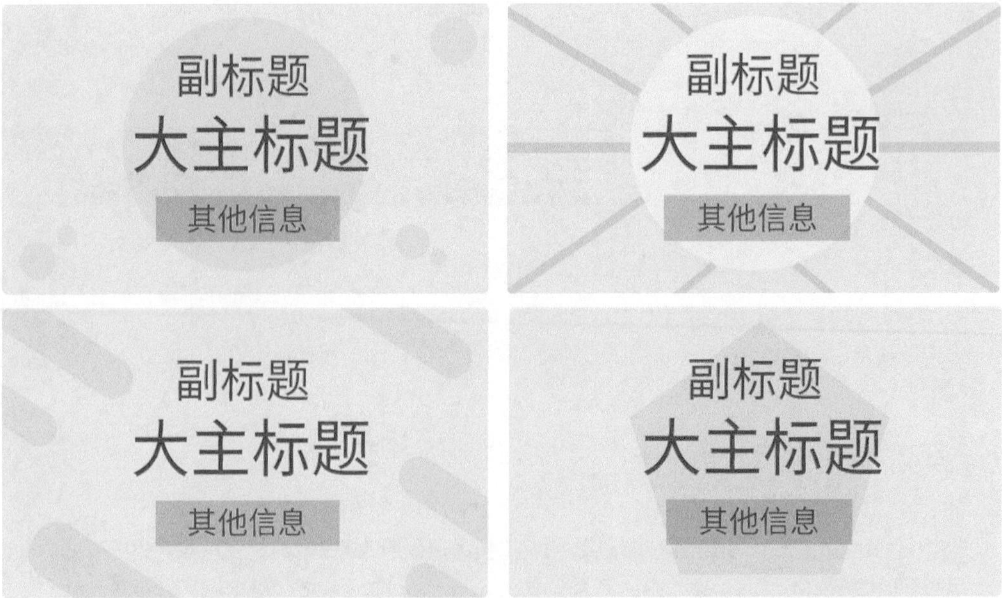

图 5-68

2. 左右型排版

左右型排版，以左右平铺的方式构图，画面有明确的引导性。这种方式留白更多，文字和图片互不干扰，给人更清晰的阅读体验，更显品质感，如图 5-69 所示。

图 5-69

左右型排版常见于培训宣传、活动介绍等。这里总结了几种典型样式，如图 5-70 所示。

图 5-70

3. 平铺型排版

平铺型排版使用大面积的元素来传达信息，是最为直观和具有视觉冲击力的文案较少时可以采用平铺型排版，如图 5-71 所示。

图 5-71

这种排版常见于节日活动、会员营销活动等宣传海报上。相对来说，文字与背景元素关系的处理需要更加明确细致。这里总结了几种典型的排版样式，如图 5-72 所示。

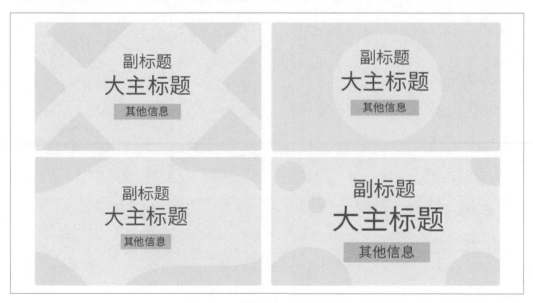

图 5-72

4. 总结

通过上述分析可知，最终我们的设计作品应该尽可能地满足以下目标。

（1）和谐统一

元素与元素之间、元素与整体之间是一种协调的关系，比如大小、颜色风格等的协调。

（2）对比突出

对比突出即把两个或者多个反差很大的元素放在一起，使人感觉主体鲜明突出，整体活跃而又统一，比如大小、数量、色彩、形状的对比。

（3）画面平衡

画面平衡即元素与元素之间、元素与整体之间的大小、形状、数量、色彩、材质等的分布与视觉上的平衡。

（4）节奏韵律

画面中的一种或多种元素按一定的规律排列，会产生音乐一般的旋律感。

在设计过程中，运用各种设计理论和手法去呈现最后的设计，其实都是为了形成秩序。因为设计的本质都是为了传播，设计内容都是为了让用户去理解你的思路，产生共鸣，这其实就是一种秩序之美。

練习题

以暑期夏利营为主题制作一支招生 Banner，大小 800×600，要求：主题明确，主标题：暑期班开始招生啦！副标题：现在报名，5 折优惠！

教学视频扫码看

5.2.2 实战："追波风"海报设计

这个项目是绘制一个周年庆 Banner，文案要求整体简洁，画风卡通，突出周年庆的"9"这个数字。

步骤 01：进行头脑风暴，找相关参考图，并且绘制草图，如图 5-73 所示。

考虑到要突出 9 这个数字，所以采用了居中的构图，人物和背景作为点缀。使用 PS 来完成线稿的制作和上色。

图 5-73

步骤 02：设置主色调，把相关颜色搭配好，放在侧面方便吸取，如图 5-74 所示。

图 5-74

步骤 03：使用钢笔工具勾勒背景人物等，填充底色，如图 5-75 所示。

步骤 04：绘制数字 9 这个图案，先用文字工具打出数字 9，使用渐变工具调好颜色。一共有两种颜色，即粉色和紫色，如图 5-76 所示。

图 5-75

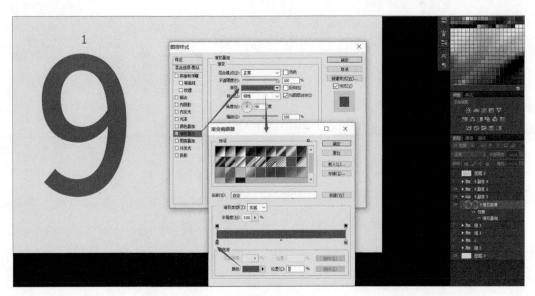

图 5-76

步骤 05：

①绘制 9 的背景。复制数字 9 并放在图层 9 的后边作为背景，用渐变工具调一个深色。两者之间的空隙画一个面补齐。

②使用钢笔工具绘制一些方块作为高光，如图 5-77 所示。

图 5-77

步骤 06：丰富画面细节，使用喷枪工具绘制物体的投影，如图 5-78 所示。

图 5-78

特别提示

在绘制投影时，可以选择"锁定透明像素"按钮图标。这样颜色就会在面片范围内出现。

步骤 07：使用纹理画笔工具点缀星空，提升背景精度，如图 5-79 所示。

图 5-79

 练习题

使用上述手法，制作一幅以 10 周年庆为主题的追波风海报。

5.3 标准界面输出：适配

很多新入行的设计师认为做 UI 很简单，觉得只需要把产品的原型填个色，把填色后的设计稿输出就万事大吉了，而对于适配知之甚少，甚至有些设计师觉得跟自己没半点关系，都是开发人员的事情。

在实际制作中，我们常用 1 倍图和 2 倍图作为基准进行设计，交付开发人员时常用 1 倍图，因为开发人员会使用 1 倍图作为基础，在 1 倍图的基础上进行其他尺寸的适配，如图 5-80 所示。

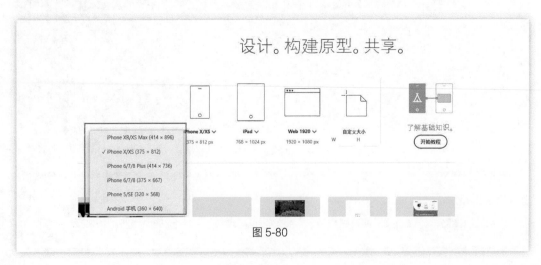

图 5-80

在 Adobe XD 初始界面中，提供了不同机型的尺寸，都是以 1 倍图为基础。

1. 苹果各机型稿件尺寸

在 2014—2017 年间，苹果发布了大尺寸的 iPhone，包括 4.7 英寸的 iPhone 6/7/8（750×1334@2x）和 5.5 英寸的 iPhone 6/7/8 Plus（1242×2208@3x）。

所以在大屏的风潮下，这时候适配提供的切图变成了 @2x 和 @3x 两种。那么 iOS 的设计稿尺寸为 750×1334，安卓则是 720×1280。具体看项目一般 1 倍图和 2 倍图都可以，并无本质差别，如图 5-81 所示。

2019 年苹果发布了 3 款手机，包括 6.1 英寸的 iPhone 11、5.8 英寸的 iPhone 11 Pro 和 iPhone 11 Pro Max。其中 iPhone 11 和 iPhone XR 一样，对应分辨率为 828×1792，切图为@2x，iPhone 11 Pro 和 iPhone X 一样，对应分辨率为 1125×2436，切图为 @3x。iPhone 11 Pro Max 和 iPhone XS Max 一样，对应分辨率为 1242×2688，切图为 @3x。

图 5-81

下图是当前 iOS 主流适配对应机型，在实际制作中依然使用 750×1334 为基准，输出时提供 @2x 和 @3x 两种形式，如图 5-82 所示。

iPhone 11 Pro Max	1242px×2688px	414pt×896pt	@3x
iPhone 11 Pro	1125px×2436px	375pt×812pt	@3x
iPhone 11	828px×2792px	414pt×896pt	@2x
iPhone XS Max	1242px×2688px	414pt×896pt	@3x
iPhone XR	828px×1792px	414pt×896pt	@2x
iPhone XS	1125px×2436px	375pt×812pt	@3x
iPhone X	1125px×2436px	375pt×812pt	@3x
iPhone 8 Plus	1242px×2208px	414pt×736pt	@3x
iPhone 8	750px×1334px	375pt×667pt	@2x
iPhone 7 Plus	1242px×2208px	414pt×736pt	@3x
iPhone 7	750px×1334px	375pt×667pt	@2x
iPhone 6s Plus	1242px×2208px	414pt×736pt	@3x
iPhone 6s	750px×1334px	375pt×667pt	@2x

图 5-82

2. 安全区

iPhone X 以后的手机都采用了全面屏设计，底部的 Home 键变成了横线，屏幕上方的"齐刘海"、四周的圆角也和 iPhone 6 不一样，如图 5-83 所示。

底部的横线官方称呼为Home Indicator，在主屏幕中是自动隐藏

图 5-83

的。在使用软件时，例如观看视频，如果手指长时间不触碰屏幕也会自动隐藏。

设计师在设计时要留出安全区，把内容放置在安全区内，并且屏幕左右边缘留出 16pt~24pt 的边距，避免用户操作困难，如图 5-84 所示。

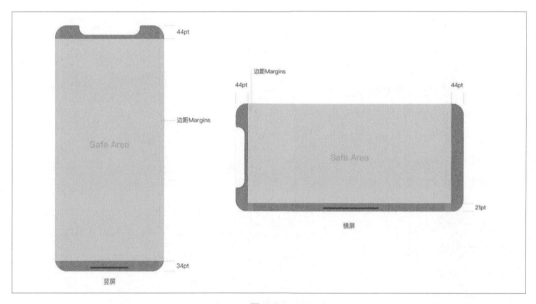

图 5-84

5.3.1 界面切图和标注

在设计完界面后，就要开始切图和标注了。

1. 切图工具

切图工具：像 Sketch、Adobe XD 等软件都自带切图输出的工具，而 PS 切图的话使用插件比较方便。

Cutterman：一款 PS 的插件，切图非常方便，但对 PS 版本要求比较高，针对 CS6 版本此插件已经不维护更新了。推荐安装官方完整版 PS CC 及以上版本，如图 5-85 所示。

图 5-85

2. 标注工具

PxCook（像素大厨）是一款切图标注设计工具软件。自 2.0.0 版本开始，支持 PSD 文件的文字、颜色、距离自动智能识别。

其优点在于完稿后将标注、切图这两项设计集成在一个软件内完成，支持 Windows 和 mac OS 双平台。

标注功能支持长度、颜色、区域、文字注释；从 2.0.0 版本开始，整体效率有了很大的提高，值得推荐的是自动智能识别标注，如图 5-86 所示。

MarkMan 也是一款高效的设计稿标注工具，支持 Windows/mac OS，可免费使用基础功能，免费版的在体验上差强人意，毕竟是免费的，如果需要高级功能，需要额外付费的，如图 5-87 所示。

图 5-86

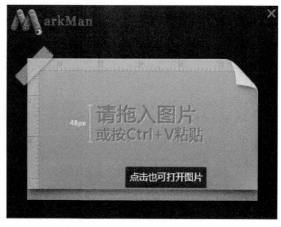

图 5-87

不需要对每一张效果图都进行标注，你标注的页面能保证开发人员顺利进行后续工作就可以了。需要标注的内容主要有以下这些。

①文字：文字大小、文字颜色。

②布局控件属性：控件宽高、背景色、透明度、描边、圆角大小。

③列表：列表高度、列表颜色、列表内容上下间距。

④段落文字：文字大小、文字颜色、行距。

总结起来就是标文字，标间距，标大小，标区域，如图 5-88 所示。

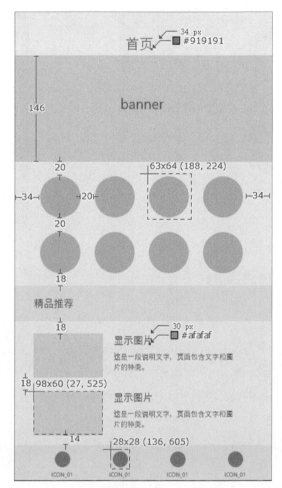

图 5-88

3. 切图输出

拿一个图标举例来说明，如图 5-89 所示。

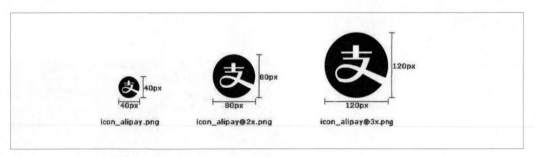

图 5-89

①icon_alipay.png：iPhone 1~3 代使用的尺寸（已经不考虑了）。

②icon_alipay@2x.png：iPhone 4/4S/5/5S/6/6S/7 对应尺寸，通常所说的 2 倍图。

③icon_alipay@3x.png：iPhone 6P/6SP/7P 使用的尺寸，3 倍图。

可以简单地理解为倍数关系，如果使用 750px×1334px（iPhone 6/6S/7）尺寸做设计稿，那么切片输出就是 @2x，缩小 1/2 就是 @1x，扩大 1.5 倍就是 @3x 了。

4. 切片的输出格式

使用 PS 制作的话，一般选择"文件"→"存储为 Web 所用格式"，如图 5-90 所示。

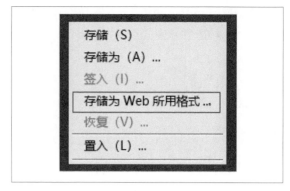

图 5-90

（1）位图格式

位图格式包括 PNG 24、PNG 8、JPG。

在 JPG 和 PNG 两种格式的图片大小相差不是很大的情况下，推荐使用 PNG 格式；如果图片大小相差很大，使用 JPG。欢迎页面的 icon 一定要使用 PNG 格式，在不影响视觉效果的前提下，可以考虑使用 PNG 8。

（2）矢量图格式

PDF、SVG 是 iOS 原生支持的两种矢量图片格式，但并不能保证 100% 把所有图片效果渲染出来。SVG 格式的图片特点是体积小，支持拉伸。

（3）图标的点击区域

最小点击区域问题：iOS 人机指导手册里推荐的最小可点击元素的尺寸是 44point×44point，在设备上 1 point（点）等于 1 像素，所以转换成像素就是 44 像素 ×44 像素，这个尺寸下，不容易出现误操作，误点击。

小于这个尺寸，点击就会变得有些不太准确，一向注重用户体验的苹果公司定义这个最小点击尺寸也不是没根据的，如图 5-91 所示。

而一些 Feed 流的 App（头条、微博、知乎等），点赞、转发、收藏等图标不超过 40 像素，每个平台都有不同的规范。这一点可根据产品不同情况随机应变。

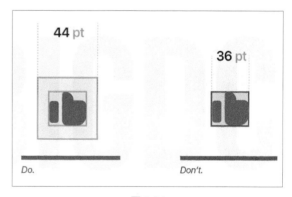

图 5-91

（4）图片图标的不同状态

每种图标或者图片如果有不同状态，每一种不同的状态都需要进行切片输出，如图 5-92 所示。

图 5-92

比如按钮有正常（normal）、按下（pressed）、选中（selected）、禁用（disabled）等多种状态，最常出现的就是 normal → pressed → normal，某些特定按钮控件会出现选中状态，具体情况具体分析。

5.3.2 切图命名规范

1. 切片命名

一款产品的落地，必先经历过需求分析、产品定位、项目拟定、功能分析、原型设计、再到设计稿输出，接下来再到开发，切图、标注是设计师与开发人员需要沟通的步骤之一。

规范的命名方式可以提高开发人员的开发效率，促进整个开发团队的友好合作。

命名规范并不是唯一的，工作上需要的命名也不相同，但是唯一的目的就是要清晰。以下的命名规则为工作中较为常用的 3 种规则，为大家罗列出来，如图 5-93 所示。

命名规则——命名也就是需要告诉开发人员文件是什么、在哪里、第几张、什么状态。

图 5-93

切图命名英文缩写 3 个规则：

①较短的单词可通过去掉"元音"形成缩写；

②较长的单词可取单词的头几个字母形成缩写；

③此外还有一些约定成俗的英文单词缩写。

启动和登录界面如图 5-94 所示。

如登录界面的 Logo 图片命名为 login_logo.png，即以界面位置＋功能来命名。一般来讲以以下方式命名。

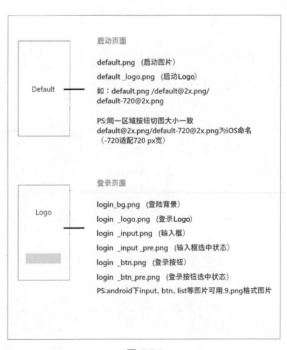

图 5-94

①公式：模块 _ 类别 _ 功能 _ 状态 .png。

②例子：new_icon_share_nor.png。

③说明：最新 _ 图标 _ 分享 _ 正常 .png。

基础名词如图 5-95 所示。

启动页面：default	顶部导航：nav	左侧导航：leftnav
工具栏：toolbar	状态栏：statusbar	背景：bg
按钮：button	照片：photo	图片：img
图标：icon	个人资料：porfile	用户：user
弹出：pop	返回：back	刷新：refresh
删除：delete	编辑：edit	下载：download
内容：content	广告：banner	登录：login
注册：register	标题：title	提示信息：msg
链接：link	注释：note	标志：logo
主页：home	列表：list	设置：set
更多：more	取消：cancel	按钮常态：nor
按钮选中：sel	按钮突出：hig	按钮不可用：dis

图 5-95

2. 文件夹命名

接到项目之后就要开始建立文件夹，以免日后出现混乱。以"项目名称 + 版本序列"来建立，如图 5-96 所示。

然后根据页面的不同，把常用图标和控件按照一个页面一个包来归类即可，如图 5-97 所示。

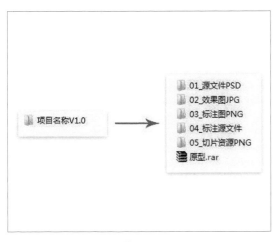

图 5-96

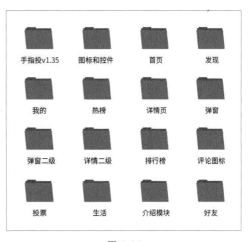

图 5-97

167

5.3.3 Android "点九"切图法

点 9 图（.9.png）是用于 Android 开发的一种特殊的图片格式，它的好处在于可以用简单的方式把一张图片中哪些区域可以拉伸，哪些区域不可以拉伸设定好，同时可以把显示内容区域的位置标示清楚。现在点 9 图不仅可以应用在 Android 系统上，同样可以应用到 iOS 系统的切图上。

运用点九图可以保证图片在不模糊变形的前提下做到自适应。点九图常用于对话框和聊天气泡背景图片中，如图 5-98 所示。

图 5-98

可以看出，两条消息字数不同，长度也不同，但它们采用了相同的背景样式，这个背景样式其实是同一张图片，用到的就是点九图，如图 5-99 所示。

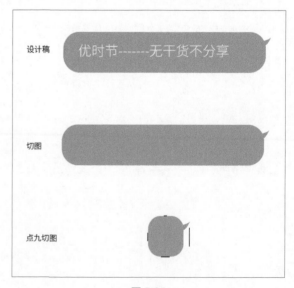

设计稿　优时节------无干货不分享

切图

点九切图

图 5-99

可以明显看到点 9 图的外围是有一些黑色的线条的，那这些线条是用来做什么的呢？来看下放大的图像，如图 5-100 所示。

放大后可以比较明显地看到上下左右分别有一个像素粗的黑色线段，简单来说，序号①和②表示可以拉伸的区域，序号③和④表示显示内容区域。

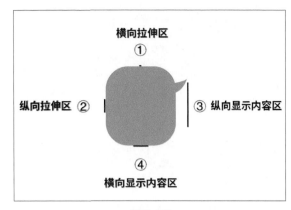

图 5-100

内容区域规定了可编辑内容的显示区域。例如，对话框是圆角的，文字需要被包裹在其内，如果纵向显示内容区域顶到两边，显示的效果会如图 5-101 所示（图中②）。

所以需要修正内容区域的线段位置和长度。把横向的内容区域缩短到圆角以内，纵向的内容区域控制在输入框的高度以内，这样文字就可以正常显示了，如图 5-101 所示（图中①）。

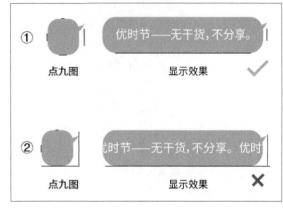

图 5-101

特别注意以下两点：

①最外边的 1px 粗的线段必须是纯黑色，一点点的半透明的像素都不可以有，比如说 99% 的黑色或者有 1% 的投影都不可以（这 1 px 粗的线段在程序最终输出的效果中不会被显示）；

②文件的扩展名必须是 ".9.png"，不能是 ".png" 或 ".9.png.png"，这样的命名都会导致编译失败。

练习题

临摹淘宝 App 首页，并用讲到的方法把相关图片切出来，并且命名。

第 6 章

After Effects
动效专攻

动效在 UI 中的应用包括人机交互、情感化设计、产品包装、运营设计等，动效设计是 UI 设计师必备的技能之一。而 After Effects（简称 AE）软件是制作动效的常用软件之一。合理使用动效可以提升用户体验，推进设计项目过稿，塑造品牌形象，使其脱颖而出。

6.1 After Effects 基础

1. AE 界面

打开 AE 软件，AE 界面主要有 3 个常用区域，即合成窗口、项目窗口、时间轴，如图 6-1 所示。

其中合成窗口比较像 PS 中的文档窗口，在这里面可以看到作品。项目窗口就像舞台的仓库，用来存储视频和图片（包括在整个动画制作过程中用到的素材）。时间轴则用来调整图形位移、大小和各类特效等。

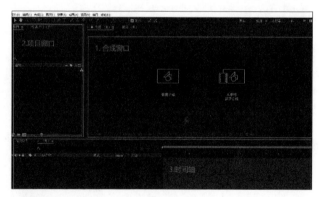

图 6-1

2. 新建合成

① 如何新建一个合成，开始工作呢？在 AE 的顶部栏中找到"合成"这个选项（快捷键为 Ctrl+N），单击并弹出一个窗口，如图 6-2 所示。

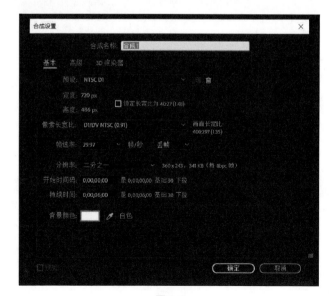

图 6-2

②在弹出的窗口中，合成名称就是文件的名称，在"预设"中可以设置视频的大小，其中帧速率在 25~30 这个范围内即可。在"持续时间"中可以设置视频的长度。

③单击"确定"按钮，就出现白色的画布，下面所有的创作都会在画布上出现，如图 6-3 所示。

图 6-3

6.1.1 图层和基础工具

1. 图层

右键单击时间轴空白区域，弹出快捷菜单，如图 6-4 所示。"新建"中的命令说明如下。

①文本：可以输入文字。

②纯色：单纯的色块。

③灯光 / 摄像机：要配合 3D 图层一起使用才能出效果。

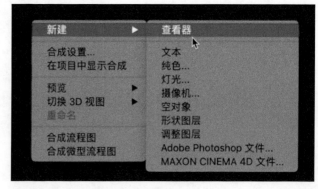

图 6-4

④空对象：可以作为控制层去理解，即通过空对象去控制别的物体移动。

⑤形状图层：可以绘制形状。

⑥调整图层：即通过图层去调整下面图层的颜色等。

2. 基础工具

AE 的基础工具位于顶部栏，其中常用的是矩形工具、锚点工具、钢笔工具、文字工具，如图 6-5 所示。

图 6-5

矩形工具：长按矩形工具按钮，弹出小窗，可选择各种形状工具，按住鼠标左键在屏幕中拖动可以绘制图形，如图 6-6 所示。

锚点工具：在绘制方块时发现轴心点不在物体正中心，如图 6-7 所示。

选择锚点工具（快捷键为 Y），将方块轴心点移动到正中心。

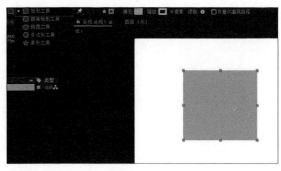

图 6-6

特别提示

勾选"对齐"可以自动对齐。

钢笔工具：长按钢笔工具按钮，弹出小窗，选择钢笔工具，在屏幕中绘制图案，如图 6-8 所示。

和 PS 中的钢笔工具一样，按住 Alt 键，拖动滑杆可以改变滑杆角度。添加和删除"顶点"工具分别可以增减图形的顶点，转换"顶点"工具可以使图形锚点处在尖角和圆角间切换。

文字工具：文字工具的使用方法比较简单，单击文字工具图标，在画布任意位置单击即可输入文字，此处不再举例说明。

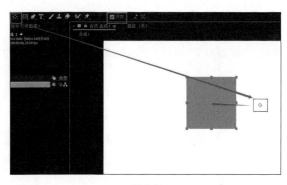

图 6-7

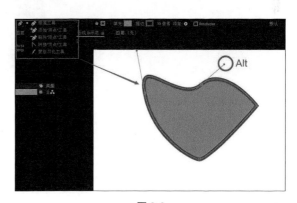

图 6-8

6.1.2 基础属性

　　AE 中形状图层有两大属性，分别是内容和变换，其中变换中的位置、缩放、旋转和不透明度是常用的属性。

1. 位置（快捷键为 P）

使用椭圆工具绘制一个图形，单击"变换"出现如图 6-9 所示的属性。

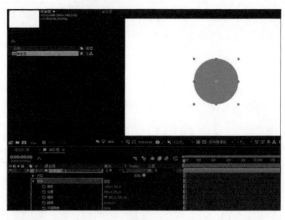

图 6-9

单击"位置"前的秒表，记录形状当前位置，时间轴上出现相应的点，如图 6-10 所示。

图 6-10

拖动时间轴指针，然后移动形状（出现移动轨迹和位置点），如图 6-11 所示。

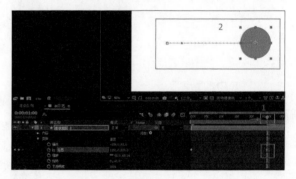

图 6-11

按空格键就可以播放动画了，小圆从 A 点移动到 B 点，如图 6-12 所示。

 特别提示

可以拖动工作区结尾的蓝色滑块，设置播放的时间长度。

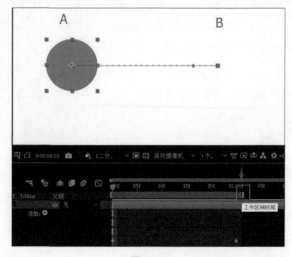

图 6-12

2. 缩放（快捷键为 S ）

单击"缩放"前的秒表图标，记录小圆当前大小，如图6-13所示。

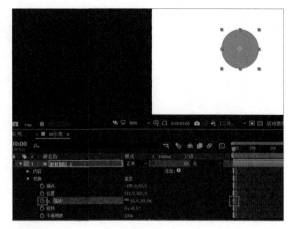

图 6-13

向后拖动时间轴指针，然后拖动图形上的缩放控制点放大小圆，如图 6-14 所示。按空格键即可播放缩放动画。

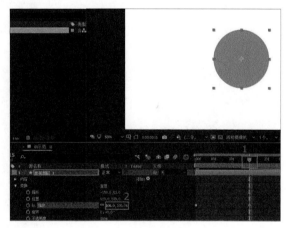

图 6-14

3. 旋转（快捷键为 R ）

为了使效果明显，这里绘制了一个多边形，如图 6-15 所示。

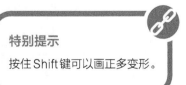

特别提示
按住 Shift 键可以画正多变形。

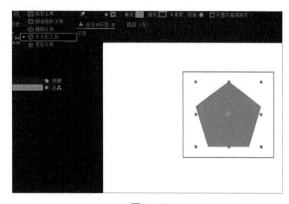

图 6-15

单击"旋转"前的秒表图标，记录多边形角度，如图 6-16 所示。

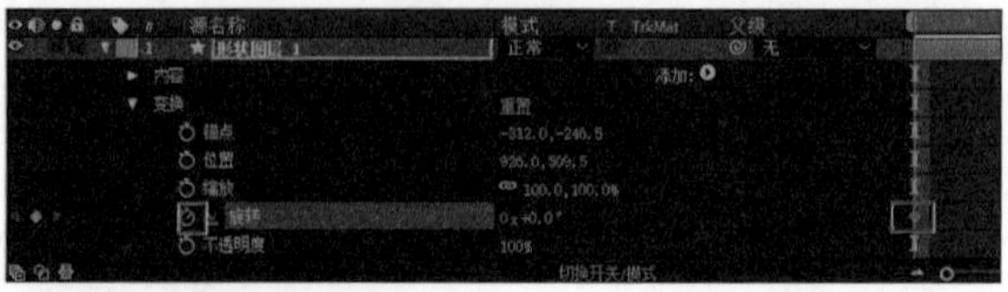

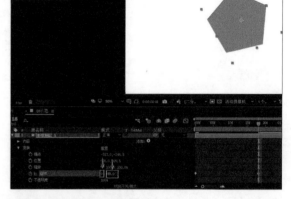

图 6-16

拖动时间轴指针，然后拖动旋转控制点（前边的是旋转圈数，后边是旋转角度），如图 6-17 所示。按空格键播放动画，观察效果。

图 6-17

4. 不透明度（快捷键为 T）

绘制一个星形。单击"不透明度"前的秒表图标，插入关键帧，如图 6-18 所示。

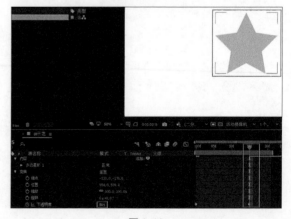

图 6-18

拖动时间轴指针。降低不透明度至 50% 左右，播放动画，观察效果，如图 6-19 所示。

图 6-19

练习题

使用矩形工具绘制形状，分别使用位置、缩放、旋转、不透明度属性，制作 3~5 秒的动画。

6.1.3　素材导入和保存输出

1．素材导入

AE 中常见的素材导入方式有两种，第一种是直接把素材拖进项目库中，第二种是右击项目库空白处，执行"导入"→"文件"命令，按文件地址导入，如图 6-20 所示。

图 6-20

如果文件过多，可以右击项目库空白处，执行"新建文件夹"命令，新建文件夹，按图片和视频分类即可，如图 6-21 所示。

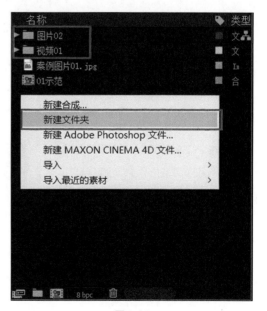

图 6-21

2. 保存输出

保存： 和 PS 中一样，分为保存（快捷键为 Ctrl+S）和另存为，保存的文件是扩展名为".aep"的工程文件，如图 6-22 所示。

图 6-22

输出： 执行"合成"→"添加到渲染队列"命令，快捷键为 Ctrl+M，如图 6-23 所示。

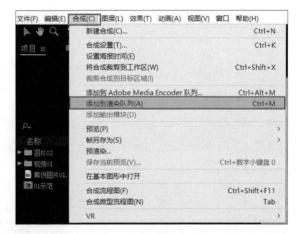

图 6-23

单击"渲染队列"中的"输出模块"右侧的"无损"，弹出对话框，在"格式"中选择输出的格式，如图 6-24 所示。

一般来讲 Quicktime 和 MP4 格式的视频体积比较小，为输出的首选项。

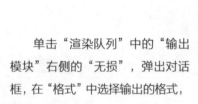

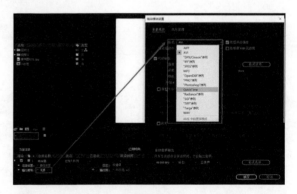

图 6-24

在"输出到"中选择输出的位置，单击"渲染"即可输出视频，如图 6-25 所示。

图 6-25

 练习题

利用从本小节所学技能输出一段 3~5 秒长，格式为 AVI 的视频文件，并保存制作的工程文件。

6.2 After Effects 技法进阶

本节讲解的案例操作技法由易到难，从利用常用工具制作水波反馈动效讲起，到使用中继器制作点赞效果、再到滴滴打车页面登录效果制作、最后是翻书效果案例的制作，帮助读者全方位掌握 After Effects 的高级功能。

6.2.1 点击水波反馈

步骤 01：使用圆角矩形工具绘制一个圆角矩形，填充为蓝色，圆角矩形的圆角半径可以在"矩形 1"下的"矩形路径 1"下的"圆度"中调整，如图 6-26 所示。

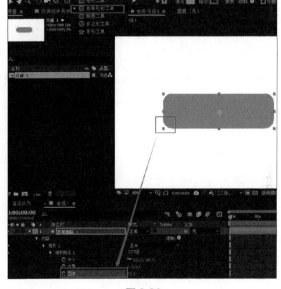

图 6-26

步骤 02：选择圆角矩形，按快捷键 Ctrl+D 复制一个出来，将原来的圆角矩形命名为"底板"，使用椭圆工具绘制一个圆形，填充为白色，命名为"水波"，如图 6-27 所示。

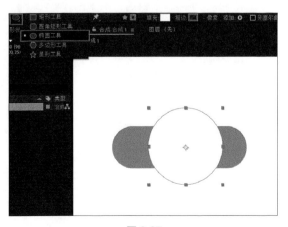

图 6-27

步骤 03：选择水波（圆形），分别设置缩放在 0 秒为 100%，0.2 秒为 200%，不透明度在 0 秒为 70%，在 0.2 秒为 50%，在 0.25 秒为 0%，插入关键帧，出现放大后消失的效果，如图 6-28 所示。

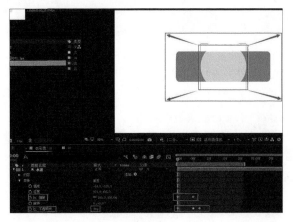

图 6-28

步骤 04：这一步主要制作遮罩，不让圆形动画溢出底板，选中复制出来的形状图层 1，在"遮罩轨道"中选择"Alpha 遮罩'水波'"，如图 6-29 所示。

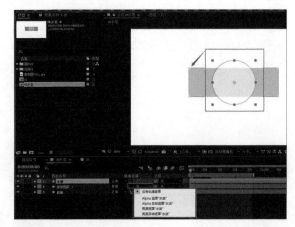

图 6-29

步骤 05：此时会发现原来的动画不见了，这时候将图层混合模式改变为颜色加深，就会出现动画，而形状图层 1 也起到遮罩的作用，如图 6-30 所示。

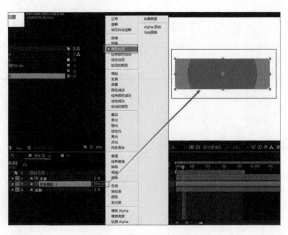

图 6-30

步骤 06：选择所有图层，按快捷键 Ctrl+Shift+C，合并为一个合成（预合成），这样就可以整体移动了，如图 6-31 所示。操作完成。

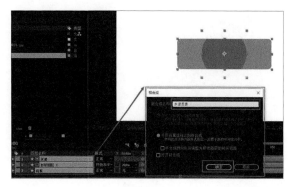

图 6-31

6.2.2 实战：中继器点赞效果

点赞效果最早出现在国外社交软件 Facebook 上，为了增加用户活跃度，提升用户发帖积极性而设计，如图 6-32 所示。本小节使用 AE 来实现这个效果。

图 6-32

步骤 01：将点赞图片导入项目库，然后放置在屏幕中央，如图 6-33 所示。

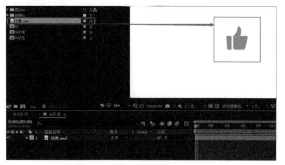

图 6-33

步骤 02：绘制圆角矩形，轴心点放置在点赞图片的中央，如图 6-34 所示，作为发散长条。

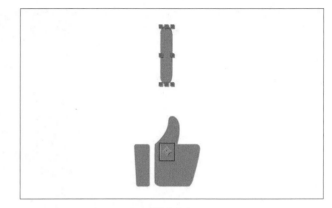

图 6-34

步骤 03：单击形状图层右侧的"添加"按钮，选择"中继器"命令，添加中继器特效，如图 6-35 所示。

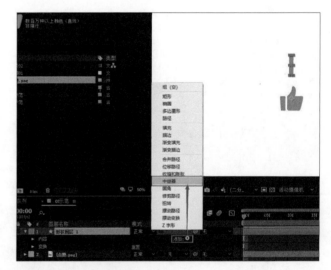

图 6-35

步骤 04：中继器就是一个可以重复图形工具，首先在中继器中设置副本为 7（副本是重复形状数量），调整旋转图形使之散开，但是形状没有居中，调整形状位置直到居中，如图 6-36 所示。

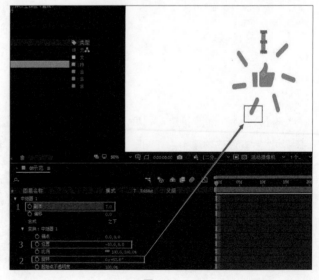

图 6-36

步骤 05: 在变换中设置缩放由小变大，不透明度在 0 秒为 10%，在 0.2 秒为 100%，在 0.25 秒为 0%。动画时长在半秒内，如图 6-37 所示。

图 6-37

步骤 06: 设置点赞图片的缩放（3 个关键帧）为正常→大→正常。动画时长在半秒内，如图 6-38 所示。操作完成。

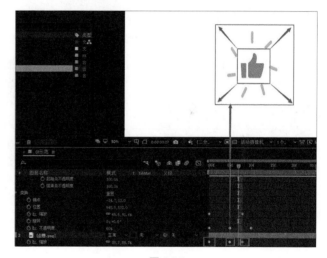

图 6-38

教学视频扫码看

6.2.3 实战：登录动效

步骤 01: 新建尺寸为 375×667 的视频，时长约 5 秒，并绘制一个登录界面，包含标题、分隔线和确定按钮，如图 6-39 所示。

步骤 02: 设置出现效果。选中所有图层，分别设置关键帧，位置从下到上，不透明度在 0 秒为 70%，在 0.2 秒为 100%。时长约半秒，如图 6-40 所示。

图 6-39

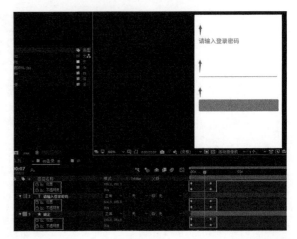

图 6-40

特别提示

选中帧，按 F9 键，会有缓动效果（动画进出会减速）。

步骤 03：分别拖动图层时间条，使确定按钮、分隔线、标题依次出现（符合动画设计规范），如图 6-41 所示。

图 6-41

步骤 04：制作打字效果。首先输入 8 个"*"，然后后移文字时间条，在效果预设中输入"打字机"，并将其拖到密码文字条上，添加打字效果（拖动关键帧可调整打字动画时长），如图 6-42 所示。

图 6-42

特别提示

选中图层，按 U 键，可以显示该图层所有关键帧。

步骤 05：制作按钮变形效果，选中确定图层，在内容下的矩形路径下单击"大小"前的秒表图标，调整 x 轴坐标。调整圆度，为圆形，如图 6-43 所示。

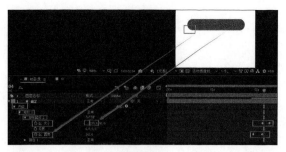

图 6-43

步骤 06：找到"变换：矩形 1"下的"比例"选项，制作确定按钮放大效果，使圆形逐渐覆盖整个屏幕，如图 6-44 和图 6-45 所示。

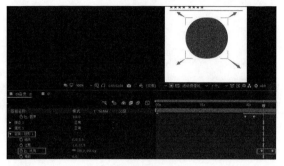

图 6-44

画面变化有 2 个关键帧，按钮先缩小成圆形，再变大，最后充满屏幕，具体操作为，对于圆角矩形按钮动画添加关键帧 1；在内容下的矩形路径下单击"大小"前的秒表图标，调整 x 轴为 880~168 的变化；添加关键帧 2，将变换下的"缩放"调整为 100~1000 的变化，效果如图 6-45 所示。

图 6-45

步骤 07：设置圆形的不透明度在 2.5 秒为 100%，在 2.6 秒为 0%（注意：要添加关键帧，单击秒表前的小点），调整图层顺序，导入背景图片，如图 6-46 和图 6-47 所示。

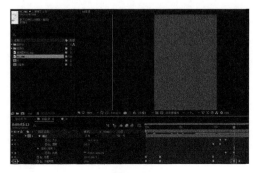

图 6-46

图 6-47

185

6.2.4 旅行 App 翻书动效

步骤 01：界面素材已经在 PS 中做好，图层都已命名，效果如图 6-48 所示。在 AE 中新建大小为 HDTV 1080 24，时长为 10 秒左右的视频项目。

步骤 02：直接拖动 PSD 源文件到 AE 项目库中，导入时弹出窗口，选择"合成 - 保持图层大小"，选中"可编辑的图层样式"（这样可以使图层独立），如图 6-49 所示。

图 6-48

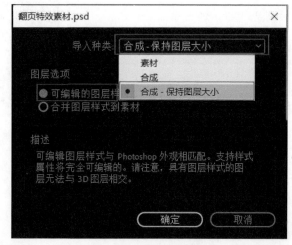

图 6-49

步骤 03：拖动合成翻书特效素材到时间轴中，调整大小，居中放置，如图 6-50 所示。

图 6-50

步骤 04：双击合成，进入图层序列，将风景 4 至风景 1 的缩放比例依次设置为 100%、90%、85%、80%，依次排好，如图 6-51 所示。

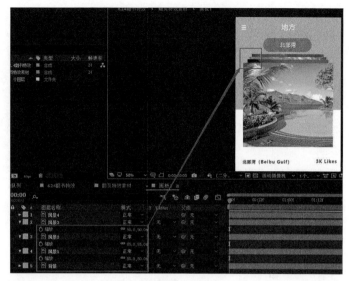

图 6-51

步骤 05：按快捷键 Ctrl+R，调出标尺，并记录图片风景 4 当前位置（后面的图片会以第一张图片大小为基准缩放），如图 6-52 所示。

图 6-52

步骤 06：制作翻页特效。选中风景 4 图层并右击，弹出快捷菜单，选择"效果"→"扭曲"→"CC Page Turn"，如图 6-53 所示。

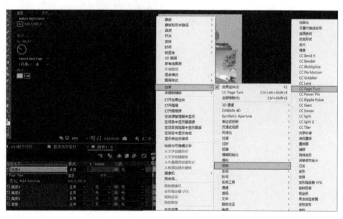

图 6-53

步骤 07：制作翻页动画。找到 Fold Position 选项（就是页角的点，拖动点调整位置），在起始点和向左翻页处插入两个关键帧，如图 6-54 所示。

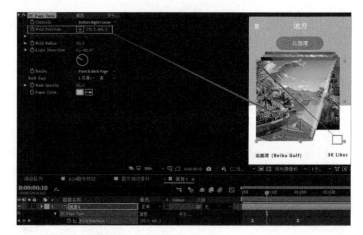

图 6-54

步骤 08：选中图片风景 3，调整到第一张图片的位置并缩放，各插入两个关键帧（第一帧保持在原始位置），如图 6-55 所示。

图 6-55

步骤 09：重复步骤 07，移动时间轴，复制特效，单击风景 4 特效，按快捷键 Ctrl+C，选中风景 3，按快捷键 Ctrl+V，直接复制粘贴设置好的关键帧，如图 6-56 所示。

图 6-56

步骤 10：重复以上步骤，制作风景 2 的动画，直到翻到最后一页（风景 1），如图 6-57 所示。操作完成。

图 6-57

6.3 After Effects 高级动效

AE 高级动效分为悬浮果冻效果、3D 卡片动效、Loading 秒表动效、标签栏 icon 动效。其中表达式的应用可以使制作事半功倍，可以灵活运用到不同案例中。

6.3.1 悬浮果冻效果

步骤 01：新建一段 5 秒左右的视频文件，尺寸为 1920×1080，导入悬浮果冻素材如图 6-58 所示，弹出窗口，设置种类为合成、素材尺寸为文档大小。

图 6-58

步骤 02：图层整理。双击悬浮果冻素材，发现图层都是分散的，如图 6-59 所示。

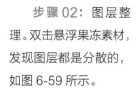

图 6-59

将图标层和背景层连接起来。例如，在父级栏下，FAB+ 图层的父级就是 FABbg。将 FAB+ 图层移动至顶部。

步骤 03：制作果冻效果。建立调整图层并右击，执行"效果"→"遮罩"→"简单阻塞工具"命令，如图 6-60 所示。

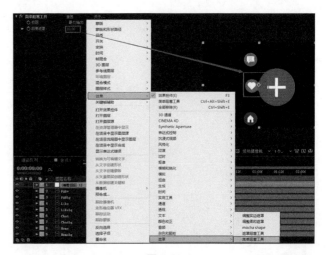

图 6-60

特别提示

阻塞遮罩的数值大小控制形状的黏合度，数值越大黏合效果越强。

步骤 04：移动。选中 FABbg 图层，设置旋转在 0.8 秒为 0%，在 1.2 秒为 90%。其余 3 个图层（Likebg、Chatbg、Homebg）从加号按钮后面移出，如图 6-61 所示。

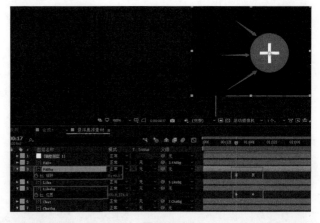

图 6-61

图 6-62

步骤 05：移动。选中剩余 3 个图层（Likebg、Chatbg、Homebg），单击最前边的小点，如图 6-62 所示。保持目前位置半秒，最后再次移到按钮后面。加号按钮同样旋转回去，如图 6-63 所示。

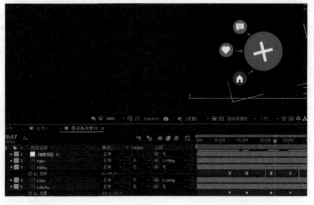

图 6-63

6.3.2 3D 卡片和表达式

AE 具备一个强大的功能，那就是表达式，通过表达式，建立图层属性与关键帧的相关关系，无须手动设置关键帧，便可以制作出动画效果。本小节将通过一个小案例来讲解表达式的使用方法。

步骤 01: 新建文件，大小为 1920×1080，时长约 6 秒，导入 UI 素材，居中放好，如图 6-64 所示。

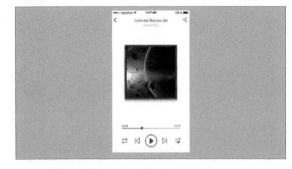

图 6-64

步骤 02: 制作 3D 卡片，进入 UI 素材合成，选中图层 CD01，单击"切换开关模式"，然后单击上方立方体，把图层 CD01 和图层 CD02 转化为 3D 模式，如图 6-65 所示。

3D 图层比 2D 图层多了很多属性，找到"Y 轴旋转"，设置参数，可以制作翻转动画。

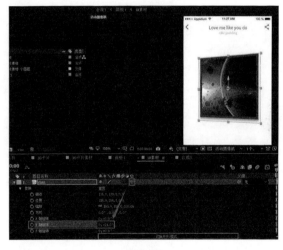

图 6-65

步骤 03: 左翻转。选中图层 CD01 和 CD02，在"Y 轴旋转"上加关键帧，设置 CD01"Y 轴旋转"在 1.2 秒为 0°，在 1.4 秒为 90°，CD02"Y 轴旋转"，在 1.2 秒为 0°，在 1.4 秒为 90°，在 1.6 秒为 180°，同时逐渐消失，CD01 不透明度在 1.2 秒为 100%，在 1.4 秒为 0%，如图 6-66 所示。

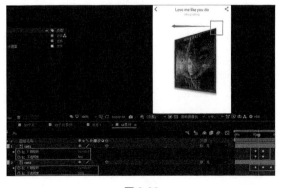

图 6-66

特别提示

图层绕 y 轴旋转 90° 时已经看不到了，利用这一特点翻转到第二张图片。

步骤 04：右翻转。继续添加关键帧，向右翻转，CD01"Y 轴旋转"，在 1.2 秒为 0°，在 1.4 秒为 90°，在 3 秒为 90°，在 3.2 秒为 0°；CD01 不透明度，在 1.2 秒为 100%，在 1.4 秒为 0%，在 3 秒为 0%，在 3.2 秒为 100%；CD02 "Y 轴旋转"在 1.2 秒为 0°，在 1.4 秒为 90°，在 1.6 秒为 180°，在 2.2 秒为 180°，在 2.4 秒为 90°。CD02 不透明度在 2.2 秒为 100%，在 2.4 秒为 0%，如图 6-67 所示。

步骤 05：添加表达式。选中图层 CD01 和 CD02，按住 Alt 键，单击秒表按钮，弹出表达式输入框，将表达式复制进去，如图 6-68 所示。

图 6-67

图 6-68

知识拓展（表达式）：

```
nearestKeyIndex = 0;
if (numKeys > 0){
  nearestKeyIndex = nearestKey(time).index;
  if (key(nearestKeyIndex).time > time){
    nearestKeyIndex--;
  }
}
if (nearestKeyIndex == 0) {
  currentTime = 0;
} else {
```

```
        currentTime = time - key(nearestKeyIndex).time;
    }
    if (nearestKeyIndex > 0 && currentTime < 1) {
        calculatedVelocity = velocityAtTime(key(nearestKeyIndex).time -
thisComp.frameDuration / 10);
        amplitude = 0.1;
        frequency = 2.0;
        decay = 4.0;
        value + calculatedVelocity * amplitude * Math.sin(frequency *
currentTime * 2 * Math.PI) / Math.exp(decay * currentTime);
    } else {
        value;
    }
```

6.3.3 实战：Loading 秒表动效

步骤 01： 新建文件。新建长度约 5 秒的视频文件，首先绘制圆角矩形，然后绘制圆形，找到内容下的椭圆 1 下的填充 1，选中填充 1，按 Delete 键删除，留下描边，如图 6-69 所示。

步骤 02： 修剪路径。选中圆，单击"添加"，选择"修剪路径"，把开始和结束都调成 0% 的状态，然后设置开始在 0.2 秒为 0%，在 0.8 秒为 100%，时长约 1 秒（开始是顺时针转，结束是逆时针转），如图 6-70 所示。

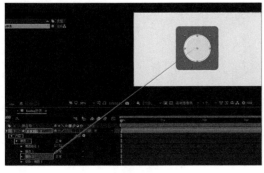

图 6-69

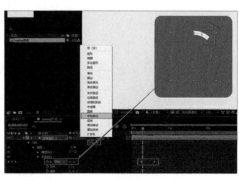

图 6-70

特别提示

可改变描边的端点形状。方法是在描边 1 下的线段端点中选择"圆头端点"，如图 6-71 所示。

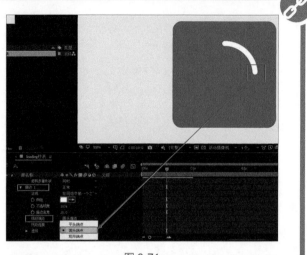

图 6-71

步骤 03：添加文本编号效果。用文字工具随意打出数字，选中文本层，右击，选择"效果"→"文本"→"编号"，添加特效，如图 6-72 所示。

图 6-72

步骤 04：设置特效。添加编号特效后弹出窗口，选择字体。设置类型为数目（默认），数值 / 位移 / 随机最大在 0.2 秒为 0，在 1 秒为 100，不透明度在 0.8 秒为 100%，在 2 秒为 0%。数字为 100 时消失，如图 6-73 所示。

图 6-73

步骤 05：制作对号动效。使用钢笔工具绘制对号，删掉填充，留下描边。选中对号图层，添加修剪路径，设置开始为 0%，结束在 1.2 秒为 0%，在 2.2 秒为 100%，如图 6-74 所示。

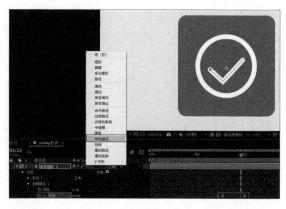

图 6-74

6.3.4 实战：图标动效

现在越来越多手机应用和 Web 应用都开始注重动效的设计，恰到好处的动效可以给用户带来愉悦的交互体验，是应用颜值担当的一大重要部分。

在交互过程中，各种图标都会跟随不同的事件发生不同的转换，如图 6-75 所示。

图 6-75

过去，图标的转换都十分死板，而近年来开始流行在切换图标的时候加入过渡动画，这种动效给用户体验带来的正面效果十分明显，给应用添色不少。

本小节来制作由暂停向播放状态变化的图标动效，如图 6-76 所示。

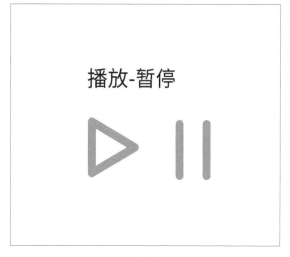

图 6-76

步骤 01：制作素材。使用钢笔工具绘制线段（按住 Shift 键画直线），设置描边为 40 像素，线段端点为圆头端点，线段连接为圆角连接，如图 6-77 所示。

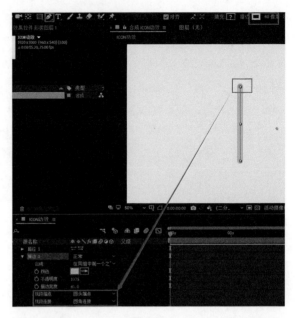

图 6-77

步骤 02：制作素材。选中形状图层 1，按快捷键 Ctrl+D 复制，得到形状图层 2，使用钢笔工具在线段中间加一个点，如图6-78所示。

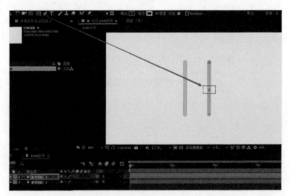

图 6-78

步骤 03：制作路径动画。用选择工具选中形状图层 2 路径，拖动两头端点，形成三角形，并插入关键帧，如图 6-79 所示。

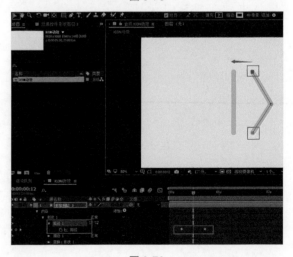

图 6-79

步骤 04：设置反向关键帧。选中做好的前两帧，复制并右键单击，选择"关键帧辅助"→"时间反向关键帧"。反向关键帧就是帧的前后顺序颠倒，这样就可以重复上一步的动作了，如图 6-80 所示。操作完成。

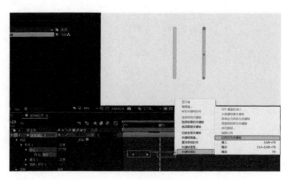

图 6-80

练习题

运用从本章所学知识，制作 4 个图标特效，注意控制动画的时间和节奏，任意 4 个图标即可。

第 7 章

前端开发

软件开发分为前端和后端两部分，前端技术一般分为前端设计和前端开发，前端设计一般可以理解为网站的视觉设计，前端开发则是网站的前台代码实现，包括基本的 HTML 和 CSS 以及 JavaScript，最新的版本为 HTML5、CSS3，如图 7-1 所示。而后端则负责数据的存储和读取，设计数据库技术，主要使用 PHP、JSP、ASP.NET 语言等。本章主要介绍前端技术，在此不一一列举。

图 7-1

7.1 网络运行原理

目前主流的软件架构有两种，分别是 C/S 架构和 B/S 架构。

1. C/S 架构

C/S（Clinet/Server，客户端 / 服务器）架构有如下特点。

①一般软件（QQ、360、钉钉、XMind）都是 C/S 架构，如图 7-2 所示。

②C 即 Client（客户端），安装客户端用软件。

③S 即 Server（服务器），处理软件业务逻辑。

④特点：用软件必须安装；服务器客户端同时更新；C/S 架构软件不能跨系统（macOS，Windows）；客户端和服务器采用自有协议，比较安全。

图 7-2

所以在网络上用户 A 向用户 B 发送信息，要通过服务器的中转，用户 B 才能收到信息，如图 7-3 所示。

图 7-3

199

2. B/S 架构

B/S（Browser / Server，浏览器 / 服务器）架构有如下特点。

①B/S 本质也是 C/S 架构，使用浏览器作为软件客户端。

②B/S 架构用浏览器访问网页形式来用软件（淘宝、京东、B 站）。

③特点：无须安装，浏览器可直接访问；软件更新时，客户端无须更新；可跨平台，有浏览器就可使用；客户端和服务器通信使用 HTTP 协议，相对不安全。（HTTP：超文本传输协议。Web 浏览器和 Web 服务器通过互联网进行通信的协议。）

HTML 和 CSS 规范中规定了浏览器解释 HTML 文档的方式，由 W3C 组织对这些规范进行维护，W3C（万维网联盟）是负责制定 Web 标准的组织，如图 7-4 所示。

HTML 规范的最新版本是 HTML5，CSS 规范的最新版本是 CSS3。

图 7-4

7.1.1 前端基础

前端主要学习哪些内容呢？根据 W3C 标准，一个网页主要由 3 部分组成，即结构、表现和行为，如图 7-5 所示。

图 7-5

1. 什么是结构、表现和行为

①结构：HTML 用于描述页面结构。（HTML: 内容层，表示某个标签在页面中是什么角色。）

②表现：CSS 用于控制页面元素的样式。（CSS: 样式层，表示某个标签在页面中该呈现什么样式）。

③行为：JavaScript 用于响应用户操作。（JavaScript: 行为层，表示页面与用户的交互行为）。

总结：HTML 只负责文档的语义和结构，它描述了网页的内容和结构。内容的呈现则由应用于元素上的 CSS 样式控制，它描述了网页的表现与展示效果。JavaScript 则负责网页的功能与行为，如与用户的交互。

2. 需要用到的工具软件

用到的工具软件主要有 4 种，即浏览器（火狐、IE、Chrome）、编辑器（Notepad++、WebStorm、Visual Studio Code）、调试工具（Firebug）、图片处理（Photoshop、Adobe XD），如图 7-6 所示。

图 7-6

3. 什么是 HTML

HTML 全称为 Hyper Text Markup Language，意为超文本标记语言，是一种描述网页的语言。它并不是编程语言，而是标记语言。HTML 使用标记标签来描述网页，HTML 标记标签通常被称为 HTML 标签（HTML Tag），包括开头标签（Opening Tag）和结尾标签（Closing Tag）格式为 < 标签名 > 标签内容 </ 标签名 >，如图 7-7 所示。

4. W3School 离线手册

当然，HTML 有很多种标签，在此不一一列举，有不懂的标签可以去下载 W3School 离线手册，方便查找各种标签详解，如图 7-8 所示。

图 7-7

图 7-8

5. HTML 格式

HTML 的内容都要写进 <html> 内，结尾用 </html> 表示结束。子标签为 <head> 和 <body>，就像人的脑袋和身体。

<! DOCTYPE html> 用于解释文档是什么类型，出现在开头，声明当前网页是按照 HTML5 标准写的，如果不写文档声明，则会导致浏览器进入错误模式，网页无法正常显示。

<head> 标签通常用于设置网页的头部信息标题（不会在网页中直接显示），<body> 标签用来显示网页内容信息（网页内所有可见内容在body里写），如图 7-9 所示。

<title> 标签是网页的标题标签,默认会显示在浏览器的标题中，搜索引擎在检索页面时，会首先检索 title 标签中的内容，它影响到网页在搜索引擎中的排名，如图 7-10 所示。

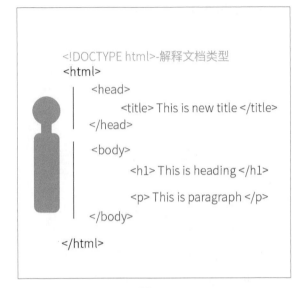

图 7-9

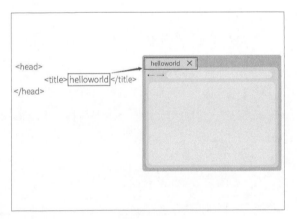

图 7-10

6. HTML 注释

在实际开发中，一个网站往往有多批人开发，就有很多人修改，所以要写一些注释告诉别人这些代码的注意事项。

注释格式为 <!--注释内容-->，<!-- 为开头，--> 为结尾，且在这个标签内所出现的内容不会显示在网页内，仅作为注释参考，但可在源码中查看，如图 7-11 所示。

```
<body>
    <!-- 这段代码非常重要,不要删除
    -->
</body>
```

图 7-11

编写注释是对代码进行描述，从而帮助其他的开发者。要养成编写注释习惯，注释要简单明了。

（1）标题标签

步骤 01： 下载并安装 Visual Studio Code 软件，并在桌面上新建文件夹，命名为 "lesson1"，打开 Visual Studio Code，把 lesson1 文件夹拖进 Visual Studio Code，这样就创建了一个以 "lesson1" 为名的新文件，如图 7-12 所示。

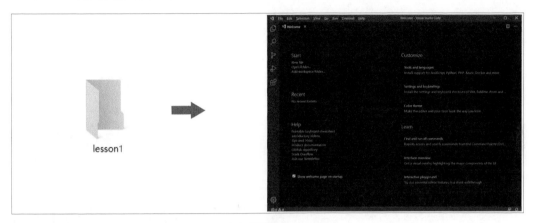

图 7-12

步骤 02： 在侧边栏单击 "LESSON1" 旁边的 ⬛ 按钮，新建一个名为 "index.html" 的文件，如图 7-13 所示。

步骤 03： ①首先输入 "<!DOCTYPE html>" 说明文档类型，然后按 Enter 键，输入 "html"（软件会自动加上 "<" 和 ">"）。

②输入 "head"（头部），按 Enter 键，title 为 lesson01.

③输入 "body"，按 Enter 键，h1 标签为一级标题（h 是标签，数字 1 是文字大小，数字越大文字越小），如图 7-14 所示。

图 7-13

图 7-14

特别提示

如果想快速复制上一行代码，把鼠标指针放在这行代码的末尾，按快捷键 Alt+Shift+ ↓ 即可复制这行代码。

步骤 04：打开开始新建的 lesson1 文件夹，里面已经生成了 HTML 文件，双击文件，在浏览器观看效果，如图 7-15 所示。

总结：在 HTML 中，一共有 6 级标题标签即 h1~h6，在显示效果上 h1 最大，h6 最小，在 6 级标题中，h1 最重要，表示网页中主要内容，h2~h6 重要性依次降低。对于搜索引擎来说，h1 重要性仅次于 title，搜索引擎检索完 title，会查看 h1 的内容，它会影响搜索引擎的排名。

图 7-15

（2）open in browser 插件

步骤 01：单击编辑器左下角插件区，输入"open in browser"，安装插件，如图 7-16 所示。

图 7-16

步骤 02：回到编辑页面，右键单击空白处，单击"Open in Default Browser"（快捷键为 Alt+B），快速在浏览器中打开，观看效果，如图 7-17 所示。

图 7-17

7.1.2 HTML 常用标签

1. 段落标签 p

段落标签用于表示内容中的一个自然段，使用 p 标签表示一个段落，p 标签中的文字默认会独占一行，并且段与段会有间距，如图 7-18 所示。

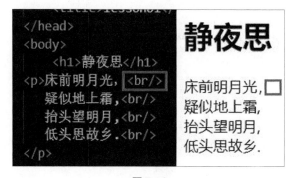

图 7-18

2. 换行标签 br

在 HTML 中，字符间写再多的空格，浏览器也会当成一个空格解析，换行也会被当成一个空格解析，在页面中使用 br 标签表示换行，br 标签是一个自结束标签。

比如使用 p 标签写诗词，用 br 标签换行，如图 7-19 所示。

图 7-19

3. 图片标签 img

可以使用 img 标签向网页中引入一个外部图片，img 标签也是自结束标签。

①属性 src：设置外部图片的路径。

②属性 alt：用来设置对图片的描述。（搜索引擎通过 alt 属性来检索不同图片，如果无 alt 属性，则搜索引擎不会对 img 中的图片进行收录。）

③属性 width：修改图片宽度，一般用 px 作为单位。

④属性 height：修改图片高度，一般用 px 作为单位。

宽度和高度两个属性如设置一个，另一个也会以同等比例调整大小，如两个值同时指定则按照值来设置，一般开发中除自适应页面，不建议设置 width 和 height。将图片移入当前文件夹，并输入图 7-20 所示的代码，实现引入图片效果。

图 7-20

4. 跳转链接标签 a

双标签 `<a></a>` 有 href 和 target 属性，通过此标签可以访问链接的其他网站。href 属性为链接的地址。代码格式为 <a href=http:// 某网址 > 访问网站 </a>。单击"访问网站"会跳转至指向的网站，如图 7-21 所示。

图 7-21

7.2 标签进阶

学习 HTML 语言就是学习标签的用法，HTML 标签有 20 多种，学会这些标签的使用方法，就基本上学会了 HTML 的使用方法。基本标签类型如下。

1. 标签总结

（1）文档结构标签

此类标签主要用来标识文档的基本结构，主要包括以下几种。

① <html>…</html>：标识 HTML 文档的起始和终止。

② <head>…</head>：标识 HTML 文档的头部区域。

③ <body>…</body>：标识 HTML 文档的主体区域。

（2）文本格式标签

这些标签主要用来标识文本区块，并附带一定的显示格式，主要包括以下几种。

① <title>…</title>：标识网页标题。

② <hi>…</hi>：标识标题文本，其中 i 表示 1、2、3、4、5、6，分别表示一级、二级、三级、四级、五级、六级标题。

③ ：<p>…</p>：标识段落文本。

总结如下。

<html> 标签是 HTML 文档的根元素。但是 HTML5 允许完全省略这个元素。

<head> 标签用于定义 HTML 文档的头部。但是 HTML5 允许完全省略这个元素。

<title> 标签用于定义 HTML 页面的标题。

<body> 标签用于定义 HTML 的页面主体部分。该标签可以指定 id、class、style 等核心属性。还可以指定 onload、onunload、onclick 等事件属性。

<style> 标签用于引用样式的定义。

<h1>~<h6> 标签用于定义一级标题到六级标题。

<p> 标签用于定义段落，该标签可以指定 id、class、style 等核心属性。

<span> 标签与 <div> 标签基本相似，该标签内容默认不会换行。

<p> 标签是块标签，<div> 标签也是块标签，<span> 是内联标签。这 3 个都是容器标签。不同的是 <p> 自带的有段落间距，<div> 没有，只有 <span> 标签内容不换行。

 标签用于插入一个换行。

<hr> 标签用于定义水平线。

2. 图片格式

在日常工作中，会遇到很多图片的格式，比如 JPG，GIF，PNG 等，如图 7-22 所示。

总的来说它们有如下特点。

① JPG：支持颜色较多，图片可压缩，但不支持透明，一般使用 JPG 来保存照片等颜色丰富的图片。

② GIF：支持颜色较少，只支持简单透明，支持动态图，图片颜色单一或者是动态图可使用 GIF。

③ PNG：支持颜色多，并支持复杂透明，可用来显示颜色复杂透明图片。

图片使用原则：效果一致时，使用体积小的。效果不一致时，使用效果好的，如图 7-23 所示。

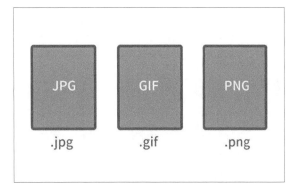

图 7-22

图 7-23

7.2.1 列表标签

1. 有序列表

<ol>、<li>：列表最外层容器，列表项（有序列表用得非常少，经常用的是无序列表），在做

一些排行榜时经常用到。有序列表也是一列项目，列表项目使用数字进行标记，有序列表始于 <ol> 标签。每个列表项都始于 <li> 标签。

<li> 标签用于定义列表项目。

<li> 标签可用在有序列表（<ol>）和无序列表（<ul>）中。

有序列表实现：输入图 7-24 所示的代码。

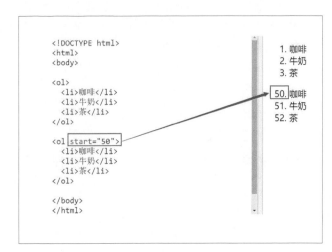

图 7-24

特别提示

<ol> 内嵌套 start="开始数字号"，就可以从你想开始排序的数字开始进行排序。

2. 无序列表

无序列表实现：输入图 7-25 所示的代码。得到效果如图 7-26 所示。

```
<html>

<body>

<h4>一个无序列表：</h4>
<ul>
    <li>咖啡</li>
    <li>茶</li>
    <li>牛奶</li>
</ul>

</body>
</html>
```

图 7-25

一个无序列表：

- 咖啡
- 茶
- 牛奶

图 7-26

3. 定义列表 dl

① <dl> 标签用于定义定义列表，在列表需要添加标题和对标题进行描述时使用。

② <dl> 标签用于结合 <dt>（定义列表中的项目）和 <dd>（描述列表中的项目）。

定义列表实现：输入图 7-27 左图所示的代码，得到图 7-27 右图所示的效果。

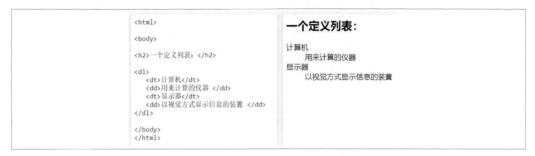

图 7-27

7.2.2 表格标签

1. 定义

<table> 标签用于定义 HTML 表格。简单的 HTML 表格由 table 元素以及一个或多个 tr、th 或 td 元素组成。

tr 元素用于定义表格行，th 元素用于定义表头，td 元素用于定义表格单元。

更复杂的 HTML 表格也可能包括 caption、col、colgroup、thead、tfoot 及 tbody 元素。

2. 用法

表格标签实现：输入图 7-28 左图所示的代码，得到图 7-28 右图所示的效果。

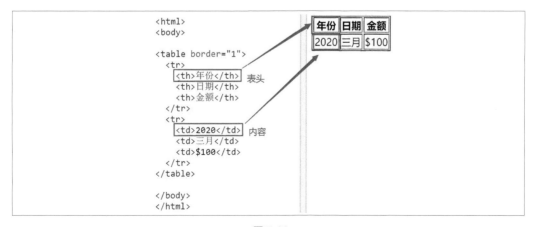

图 7-28

7.2.3 div 与 span 标签

1. 定义

① div（块）：div 全称为 division，是"分割、分区"的意思，<div> 标签用来划分一个区域，相当于一个区域容器，可以容纳段落、标题、表格、图像等各种网页元素。

HTML 中大多数的标签都可以嵌套在 <div> 中，<div> 中还可以嵌套多层 <div>，用来将网页分割成独立不同的部分，来实现网页的规划和布局。

② span（内联）：用来修饰文字，div 与 span 都是没有默认样式的，需要配合 CSS 才行。

2. 用法

<div> 是一个块级元素。这意味着它的内容自动地开始一个新行。实际上，换行是 <div> 固有的唯一格式表现。可以通过 <div> 的 class 或 id 应用额外的样式。它常用于新闻类网站的设计中。

实现： 输入图 7-29 左图所示的代码，得到图 7-29 右图所示的效果，即每个 div 都代表相对应的模块。

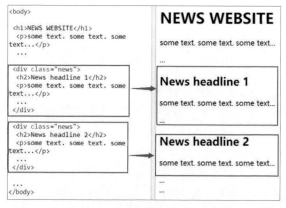

图 7-29

这段 HTML 模拟了新闻网站的结构。其中的每个 div 把每条新闻的标题和摘要组合在一起，也就是说，div 为文档添加了额外的结构。同时，由于这些 div 属于同一类元素，所以可以使用 class= "news" 对这些 div 进行标识，这么做不仅为 div 添加了合适的语义，而且便于进一步使用样式对 div 进行格式化，可谓一举两得。

总结如下。

HTML 整体是由标签组成的，各个标签的功能很多都是重复的，同学们学习标签用法的时候多多练习即可。

标签整体分为块级标签和行内标签，块级标签可以设置宽高值，独占一行；行内标签自动设置宽高值，一行内可以有多个；块级元素可以包含行内元素，行内元素不能包含块级元素。

需要记住以下特殊情况：p 标签不能嵌套 div；a 标签用于跳转（超链接）（跳转网页、跳转页面、跳转文件等）；标题标签用于设置标题，共有 6 级；div 就是一个无色透明的容器，看不见，摸不到；img 标签主要用于设置图片。

p 标签就是 paragraph（段落），通常用于包裹段落；span 是一个行内元素，通常用于 p 标签内部，设置个别文字时使用。

7.3 什么是 CSS

CSS 是网站开发中经常用到的一种语言，那么 CSS 到底是什么意思呢？CSS 全称是 Cas-cading Style Sheets，翻译成中文就是层叠样式表，这是一种用来表现 HTML 或者 XML 等文件样式的计算机语言，拥有对网页对象和模型样式进行编辑的能力。

CSS 拥有很多独有的语言特点，比如说有丰富的样式定义，能够自定义想要的页面样式；而且 CSS 非常容易使用和修改，只需要找到相应的元素即可修改。简单来说，CSS 就是一种可以定义样式结构的语言，比如说字体、颜色、位置等都可以用 CSS 来进行修改，通常与 div 一起连用，是目前非常流行的一种制作网页的方法，如图 7-30 所示。

CSS 用于控制网页的样式和布局

图 7-30

7.3.1 CSS 基础语法

CSS 规则由两个主要的部分构成：选择器，以及一条或多条声明。图 7-31 所示的这行代码的作用是将 h1 元素内的文字颜色定义为红色，同时将文字大小设置为 14 像素。在这个例子中，h1 是选择器，color 和 font-size 是属性，red 和 14px 是值。

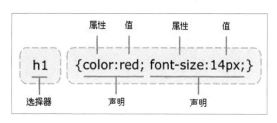

图 7-31

1. 语法引入方式

①内联样式：仅影响一个元素，在 HTML 元素的 style 属性中添加。

②内部样式：不使用外部 CSS 文件，将 CSS 放在 HTML<style> 中。在 HTML 元素的 style 标签中添加（内部样式优点是可以复用代码）。

案例： 使用 CSS 定义文字颜色，如图 7-32 所示。

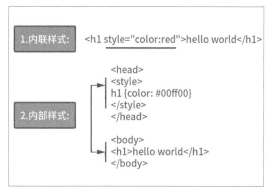

图 7-32

③外部样式：CSS 保存在 .css
文件中，在 HTML 里使用 <link>
引用。即通过 link 标签引入外部资
源，rel 属性指定资源和页面关系，
href 属性指定资源地址。

案例： 结合 div 元素使用外部
样式定义颜色，如图 7-33 所示。

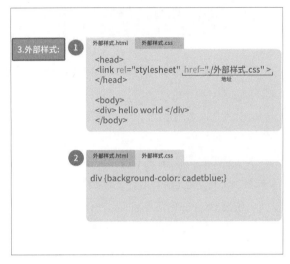

图 7-33

2. 基础语法用法

实现： 使用 div 定义模块，在
头部 <head> 中输入 <style>，设
置宽、高、背景色和边框，如图 7-34
所示。

总结如下。

①格式：选择器 { 属性 1：值
1；属性 2：值 2}。

②单位：px——像素（pixel）、
%——百分比。

③基本样式：width——宽、
height——高、background-color——
背景色。

④容器：如容器为 600px，那
么当前容器的 50% 即为 300px。

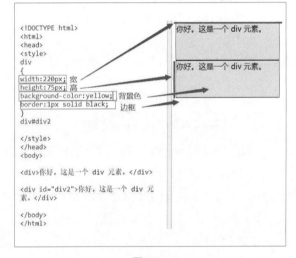

图 7-34

3. color 属性定义

color 属性规定文本的颜色。

这个属性设置了一个元素的前景色（在 HTML 表现中，就是元素文本的颜色）；光栅图像不受
color 影响。这个颜色还会应用到元素的所有边框，除非被 border-color 或另外某个边框颜色属性
覆盖。要设置一个元素的前景色，最容易的方法是使用 color 属性。

4. color 属性用法

实现： 本例演示如何设置文本的颜色，如图 7-35 所示。

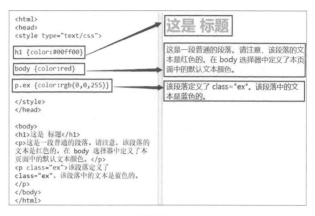

图 7-35

7.3.2 CSS 背景

CSS 允许应用纯色作为背景，也允许使用背景图像创建相当复杂的效果。CSS 在这方面的能力远远在 HTML 之上。

本小节将学习以下几大属性和用法。

① background-color：背景颜色。

② background-image：背景图片。

③ background-repeat：背景图片平铺方式。

④ background-position：背景图片位置。

⑤ background-attachment：背景图片随滚动条移动方式。

各属性的描述如图 7-36 所示。

属性	描述
background	简写属性，作用是将背景属性设置在一个声明中。
background-attachment	背景图像是否固定或者随着页面的其余部分滚动。
background-color	设置元素的背景颜色。
background-image	把图像设置为背景。
background-position	设置背景图像的起始位置。
background-repeat	设置背景图像是否及如何重复。

图 7-36

1. 背景色（background-color）属性用法

可以使用 background-color 属性为元素设置背景色。这个属性接受任何合法的颜色值。
下面这段代码把元素的背景设置为灰色：

```
p {background-color: gray;}
```

如果希望背景色从元素中的文本向外稍有延伸，只需增加一些内边距：

```
p {background-color: gray; padding: 20px;},
```

案例： 如图 7-37 所示。

图 7-37

2. 背景图片（background-image）属性用法

要把图像放入背景，需要使用 background-image 属性。background-image 属性的默认值
是 none，表示背景上没有放置任何图像。
如果需要设置一个背景图像，必须为这个属性设置一个 URL 值（相对路径）：

```
body{background-image:url(/i/eg_bg_04.gif);}
```

大多数背景都应用到了 body 元素，不过并不仅限于此。
下面的例子为一个段落应用了一个背景，而不会为文档的其他部分应用背景：

```
p.flower {background-image: url(/i/eg_bg_03.gif);}
```

可以为行内元素设置背景图像，下面的例子为一个链接设置了背景图像：

```
a.radio {background-image: url(/i/eg_bg_07.gif);}
```

案例： 如图 7-38 所示。

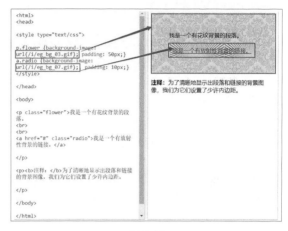

图 7-38

3. 背景重复（background-repeat）属性用法

要在页面上对背景图像进行平铺，可以使用 background-repeat 属性。

属性值 repeat 导致图像在水平和竖直方向上都平铺，就像以往背景图像的通常做法一样。

repeat-x 和 repeat-y 分别导致图像只在水平和竖直方向上重复，no-repeat 则不允许图像在任何方向上平铺。

默认背景图像将从一个元素的左上角开始。请看下面的例子：

```
body{ background-image:
url(/i/eg_bg_03.gif);
    background-repeat:
repeat-y;},
```

案例： 如图 7-39 所示。

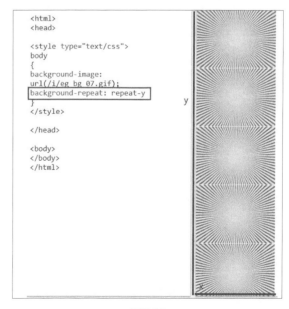

图 7-39

215

4. 背景定位（background-position）属性用法

可以利用 background-position 属性改变图像在背景中的位置。

下面的例子在 body 元素中将一个背景图像居中放置：

```
body{ background-image:url('/i/eg_bg_03.gif');
background-repeat:no-repeat;background-position:center;}
```

为 background-position 属性提供值有很多方法。首先，可以使用一些关键字：top、bottom、left、right 和 center。还可以使用长度值，如 100px 或 5cm，也可以使用百分数值。不同类型的值对应的背景图像的位置稍有差异。

案例： 如图 7-40 所示。

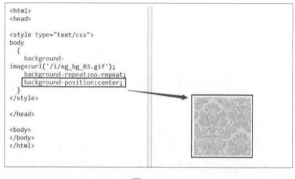

图 7-40

5. 背景附着（background-attachment）属性用法

如果文档比较长，那么当文档向下滚动时，背景图像也会随之滚动。当文档滚动到超过图像的位置时，图像就会消失。

background-attachment 属性的默认值是 scroll，也就是说，在默认的情况下，背景会随文档滚动。

可以通过 background-attachment 属性防止这种滚动。通过这个属性，可以声明图像相对于可视区是固定的（fixed），因此不会受到滚动的影响：

```
body
  {background-image:url(/i/eg_bg_02.gif);
  background-repeat:no-repeat;
  background-attachment:fixed}
```

案例： 如图 7-41 所示。

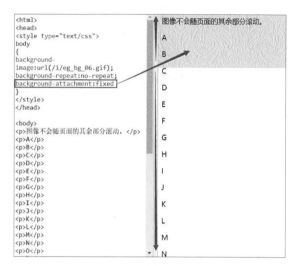

图 7-41

7.3.3 CSS 字体

CSS 字体属性定义文本的字体系列、大小、加粗、风格（如斜体）和变形（如小型大写字母）。

1. CSS 字体系列

在 CSS 中，有两种不同类型的字体系列名称。

通用字体系列：拥有相似外观的字体系统组合（比如"Serif"或"Monospace"）。

特定字体系列：具体的字体系列（比如"Times"或"Courier"）。

除了各种特定的字体系列外，CSS 定义了 5 种通用字体系列。

① Serif 字体。

② Sans-serif 字体。

③ Monospace 字体。

④ Cursive 字体。

⑤ Fantasy 字体。

2. 指定字体

使用 font-family 属性定义文本的字体系列。使用通用字体系列时，如果希望文档使用一种 Sans-serif 字体，但是并不关心是哪一种字体，以下就是一个合适的声明：

```
body {font-family: sans-serif;}
```

案例：如图 7-42 所示。

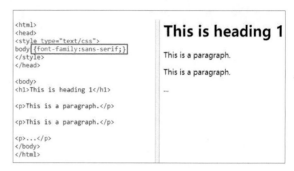

图 7-42

3. 文字加粗

font-weight 属性设置文本的粗细，使用 bold 关键字可以将文本设置为粗体。

关键字 100~900 为字体指定了 9 级加粗度。如果一个字体内置了这些加粗级别，那么这些数字就直接映射到预定义的级别，100 对应最细的字体变形，900 对应最粗的字体变形。数字 400 等价于 normal，而 700 等价于 bold。

如果将元素的加粗设置为 bolder，浏览器会设置比所继承值更高的一个加粗级别。与此相反，关键词 lighter 会导致浏览器将加粗度下移而不是上移。

案例：如图 7-43 所示。

```
p.normal {font-
weight:normal;}
p.thick {font-
weight:bold;}
p.thicker {font-
weight:900;}
```

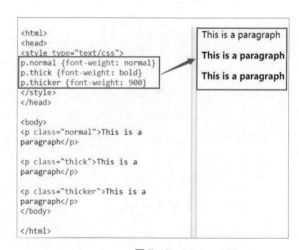

图 7-43

4. 文字大小

font-size 属性设置文本的大小，管理文本的大小在 web 设计领域很重要。但是，不应当通过调整文本大小使段落看上去像标题，或者使标题看上去像段落。

应始终使用正确的 HTML 标题，比如使用 <h1>~<h6> 来标记标题，使用 <p> 来标记段落。font-size 值可以是绝对或相对值。

特别提示

如果您没有规定文字大小，普通文本（比如段落）的默认大小是 16 像素 (16px=1em)。

（1）通过像素设置文本大小

案例： 如图 7-44 所示。

```
h1 {font-size:60px;}

h2 {font-size:40px;}

p {font-size:14px;}
```

```
<html>
<head>
<style type="text/css">
h1 {font-size:60px;}
h2 {font-size:40px;}
p {font-size:14px;}
</style>
</head>

<body>
<h1>UI-DESIGN</h1>
<h2>UI-DESIGN2</h2>
<p>UI-DESIGN3.</p>
<p>UI-DESIGN4.</p>
<p>...</p>
</body>
</html>
```

UI-DESIGN

UI-DESIGN2

UI-DESIGN3.

UI-DESIGN4.

...

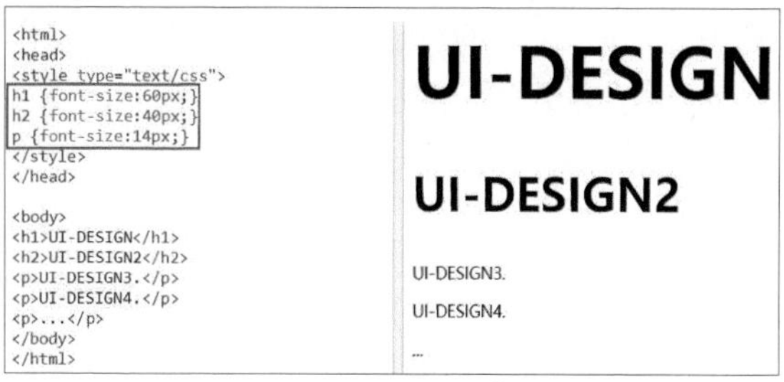

图 7-44

（2）使用 em 来设置文字大小

要避免在 IE 浏览器中无法调整文本的问题，许多开发者使用单位 em 代替 pixels（W3C 推荐使用 em 作为尺寸单位）。

1em 等于当前的文字尺寸。如果一个元素的 font-size 为 16 像素，那么对于该元素，1em 就等于 16 像素。在设置文字大小时，em 的值会相对于父元素的文字大小改变。浏览器中默认的文本大小是 16 像素。因此 1em 的默认尺寸是 16 像素。

可以使用下面这个公式将像素转换为 em：pixels/16=em（注：16 为父元素的默认文字大小，假设父元素的 font-size 为 20px，那么公式需改为 pixels/20=em）。

案例： 如图 7-45 所示。

```
h1 {font-size:3.75em;}

/* 60px/16=3.75em */

h2 {font-size:2.5em;}

/* 40px/16=2.5em */

p {font-size:0.875em;}

/* 14px/16=0.875em */
```

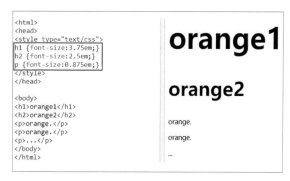

图 7-45

（3）结合百分比和 em

在所有浏览器中均有效的方案为 body 元素（父元素）以百分比设置默认的 font-size 值，然后用 h1 等标签设置局部值。

案例： 如图 7-46 所示。

```
body {font-size:100%;}
h1 {font-size:3.75em;}
h2 {font-size:2.5em;}
p {font-size:0.875em;}
```

```
<html>
<head>
<style type="text/css">
body {font-size:100%;}
h1 {font-size:3.75em;}
h2 {font-size:2.5em;}
p {font-size:0.875em;}
</style>
</head>

<body>
<h1>Nice Work</h1>
<h2>Nice Work2</h2>
<p>Nice Work.</p>
<p>Nice Work.</p>
<p>...</p>
</body>
</html>
```

Nice Work
Nice Work2
Nice Work.

Nice Work.

...

图 7-46

7.3.4 CSS 边框与盒子模型

1. 边框

通过使用 CSS 边框属性，可以创建出效果出色的边框，并且可以应用于任何元素。元素外边距内就是元素的边框（border）。元素的边框就是围绕元素内容和内边距的一条或多条线。

（1）基础边框
每个边框有 3 个方面：宽度、样式，以及颜色。

① border-style：边框样式（solid——实线、dashed——虚线、dotted——点线）。

② border-width：边框大小（px）。

③ border-color：边框颜色（red）。

边框也可以针对某一边单独设置：border-left-style（中间是方向 left、right、top、bottom）。

（2）透明边框
如果边框没有样式，就没有宽度。有些情况下可以创建一个不可见的边框。引入了边框颜色值 transparent。这个值用于创建有宽度的不可见边框。如下面的例子。

```
<a href="#">AAA</a>
<a href="#">BBB</a>
<a href="#">CCC</a>
为上面的链接定义了如下样式：
a:link, a:visited {
  border-style: solid;
  border-width: 5px;
  border-color: transparent;
  }
a:hover {border-color: gray;}
```

案例： 如图 7-47 所示。

从某种意义上说，利用 transparent，使用边框就像是额外的内边距一样；此外还有一个好处，就是能在你需要的时候使其可见。

图 7-47

2. 盒子模型

顾名思义，盒子模型就是形似盒子的表现形式，相比于盒子，相框更能形象地表达这个模型，或者说，大盒套小盒也是非常形象的。盒子的主要属性有 5 种，即 width、height、margin、border、padding，它们是盒子模型常用的属性，即元素宽、高、外边距、边框和内边距，如图 7-48 所示。

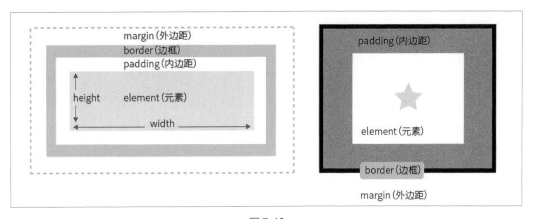

图 7-48

元素框的最内部分是实际的内容，直接包围内容的是内边距。内边距呈现了元素的背景。内边距的边缘是边框。边框以外是外边距，外边距默认是透明的，因此不会遮挡其后的任何元素。

特别提示

背景应用于由内容和内边距、边框组成的区域。

（1）基础模型

内边距、边框和外边距都是可选的，默认值是 0。但是，许多元素将由用户代理样式表设置外边距和内边距。可以通过将元素的 margin 和 padding 设置为 0 来覆盖这些浏览器样式。也可以使用通用选择器对所有元素进行设置代码如下：

```
* { margin: 0; padding: 0; }
```

在 CSS 中，width 和 height 指的是内容区域的宽度和高度。增加内边距、边框和外边距不会影响内容区域的尺寸，但是会增加元素框的总尺寸。

假设框的每个边上有 10 个像素的外边距和 5 个像素的内边距。如果希望这个元素框达到 100 个像素，就需要将内容的宽度设置为 70 像素，即 width:70px;margin: 10px;padding: 5px，如图 7-49 所示。

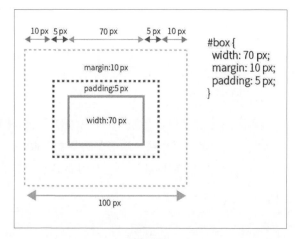

图 7-49

（2）细分属性

如果想要细分上下左右的边距，也有细分属性写法，写法如下。

① content: 内容区，由 width 和 height 组成。

② padding：内边距（内填充）。

　一个值：如 30px（上下左右）。

　两个值：30px 40px（上下、左右）。

　四个值：30px 40px 50px 60px（上、右、下、左）。

　单一样式只写一个值: padding-left、padding-right、padding-top、padding-bottom。

③ margin：外边距（外填充）。

　一个值：如 30px（上下左右）。

　两个值：30px 40px（上下、左右）。

　四个值：30px 40px 50px 60px（上、右、下、左）。

　单一样式只写一个值，可以是 margin-left、margin-right、margin-top、margin-bottom，如图 7-50 所示。

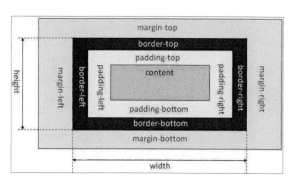

特别提示

①背景颜色会填充到 margin 以内区域。

②文字会在 content 区域。

③padding 不能出现负值，margin 可以为负值。

图 7-50

7.3.5 id 和 class 选择器

在 CSS 中有 id 和 class 两种方式为 HTML 元素指定特定的样式。

1. id 选择器

id 选择器可以为标有特定 id 的 HTML 元素指定特定的样式，id 选择器以 "#" 来定义。

下面的两个 id 选择器，第一个可以定义元素的颜色为红色，第二个定义元素的颜色为绿色：

```
#red {color:red;}
#green {color:green;}
```

下面的 HTML 代码中，id 属性为 red 的 p 元素显示为红色，而 id 属性为 green 的 p 元素显示为绿色：

```
<p id="red">这个段落是红色。</p>
<p id="green">这个段落是绿色。</p>
```

特别提示

id 属性只能在每个 HTML 文档中出现一次。

2. class 选择器

class 属性规定元素的类名（classname），class 属性大多数时候用于指向样式表中的类（class）。不过，也可以利用它通过 JavaScript 来改变带有指定 class 的 HTML 元素。

特别提示

class 属性不能在以下 HTML 元素中使用：base、head、html、meta、param、script、style 及 title。

在 HTML 文档中使用 class 属性，如图 7-51 所示。

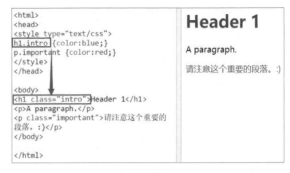

图 7-51

特别提示

① class 选择器可以复用。

② 可以添加多个 class 样式（优先级根据 CSS 顺序决定，而不是 class 属性中的顺序）。

教学视频扫码看

7.4 实战：登录页面

步骤 01：做准备工作。新建以"Login2"为名的文件夹，打开 VS Code，单击"File"→"Add Folder to Workspace"，把 Login2 文件添加进来，并新建"index.html"和"style.css"两个文件，如图 7-52 所示。

图 7-52

步骤 02：创建表单。

① 在 body 区域写入 form 标签，代码如下：

```
<form class="box" action="index.html" method="POST">
<h1>Login</h1>
<input type="text" name="" placeholder="Username">
```

```
<input type="password" name="" placeholder="Password">
<input type="submit" name="" value="Login">
</form>
```

②打开浏览器，预览效果，
input 标签对应输入框，place-
holder 对应输入框默认文字，value
对应提交按钮，如图 7-53 所示。

图 7-53

步骤 03：用 CSS 设置样式。

①设置 body 的背景和字体样
式，代码如下，如图 7-54 所示。

图 7-54

```
body {margin: 0;
      padding: 0;
      font-family: sans-serif;
      background: cornflowerblue;}
```

②设置 box 的宽、高和位置，
代码如下。预览效果，如图 7-55
所示。

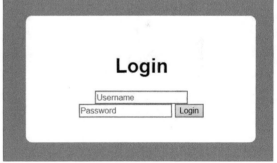

图 7-55

```
.box {
      width: 300px;
      padding: 40px;
      position: absolute;
      top: 50%;
      left: 50%;
      transform: translate(-50%,-50%);
      background:white;
      text-align: center;
      border-radius: 10px;
}
```

特别提示

"transform: translate（-50%，-50%）"属性是根据页面大小使元素居中，做弹窗时经常用，
"text-align: center;"则是使文字居中。

③设置输入框的宽、高和样式，代码如下。预览效果，如图 7-56 所示。

```css
.box input[type = "text"],
.box input[type = "password"]{
    border: 0;
    background: none;
    display:block;
    margin: 20px auto;
    text-align: center;
    border: 2px solid #3498db;
    padding: 10px 10px;
    width: 200px;
    outline: none;
    color: black
}
```

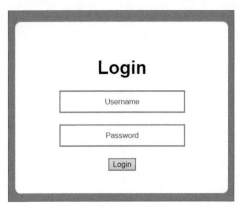

图 7-56

步骤 04：设置按钮样式。

输入按钮的宽、高和样式，代码如下。预览效果，其中"cursor: pointer;"是鼠标指针悬停时的样式，如图 7-57 所示。

```css
.box input[type = "submit"]{
    border: 0;
    background: none;
    display:block;
    margin: 20px auto;
    text-align: center;
    border: 2px solid #3498db;
    padding: 15px 15px;
    width: 100px;
    outline: none;
    color: blue;
    border-radius: 24px;
    transition: 0.25s;
    cursor: pointer;}
```

图 7-57

步骤 05： 设置鼠标指针悬停时按钮的效果。

大部分工作已经完成，最后使用 hover 属性设置鼠标指针悬停时按钮的效果，background 则是鼠标指针悬停时按钮的颜色，代码如下，如图 7-58 所示。

```
.box input[type =
"submit"]:hover{
        background:
#2ecc71;
    }
```

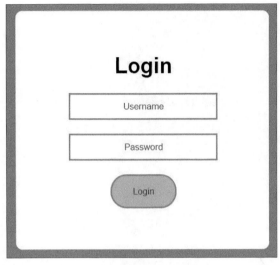

图 7-58

 练习题

①如何用 CSS 实现竖直和水平居中是一道经典的问题，实现方法有很多种，大家可以发散一下自己的思维。

②简述一下 src 与 href 的区别。

③使用 form 标签设计一个登录页面。

第 8 章

项目设计

8.1 图标设计提升

　　在设计小图标之前，不妨多观察一下 Logo 的特点，是圆润还是平直，是安静还是跳跃，有没有什么基本的细节造型点可以提取的呢？有没有什么颜色可以直接拿来用呢？

　　图 8-1 所示是非常典型的谷歌 Play 图标，提取出三角形后，整套图标都是以三角形作为外形进行延伸设计的。

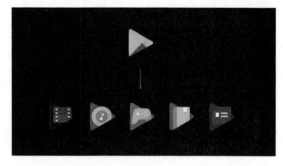

图 8-1

8.1.1 图标精度提升：MBE 线型图标

　　能修炼到自创一种风格的人绝不简单，Dribbble "大神" MBE 就开创了一种新的视觉风格，于是大家把这种风格叫作 MBE 风格，用这种风格来创作图标或小型插画，看上去简洁、圆润、可爱。几乎是瞬间，这样的风格就风靡了整个互联网 UI 界。

　　我们今天就来一起学习一下这类风格，并且运用这类风格绘制一枚图标。

1. 认识 MBE 风格

　　这类风格目前的应用非常广泛，只要大家都在关注各大网站或 App 的界面，就会发现这一趋势。但就只是在表面上对元素进行借用和拼装，其实并不能完全学会这一风格。

　　MBE 风格的特点我们刚刚已经讲到了，是简洁、圆润、可爱。

　　一般是以粗而圆的线条勾勒轮廓，这一点类似于简笔画，也类似于单线条画。其线条粗细适中，越粗的线条在表现力方面会越接近可爱感，线条的转折过渡很圆润，几乎看不到尖锐的直角，如图 8-2 所示。

图 8-2

填色方面的特点非常明显，填色的色块要偏移原有轮廓一些，以此来塑造高光和阴影效果。填色色块和线条所形成轮廓之间的偏移所形成的白色会成为一道高光留白，而相对的一侧则是阴影，如图 8-3 所示。

图 8-3

配色是简单的橙色、黄色、蓝色，以高饱和度的亮色为主，表现鲜明可爱的特点。在适当的时候在这个色彩上进行强弱变化，以体现色彩的层次，如图 8-4 所示。

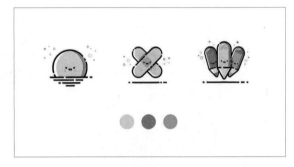

图 8-4

线条大多采用一定的"断线"处理，并运用圆点增强线条的丰富感，如图 8-5 所示。

图 8-5

如果作为插画运用，大都增加许多几何状小装饰。我们把这些小装饰分别命名为"十字形""烟花形""小圆点"和"小圆圈"，它们以一种随机分散的状态点缀在主题周围。当然，如果用于图标的话，这些装饰会显得累赘，如图 8-6 所示。

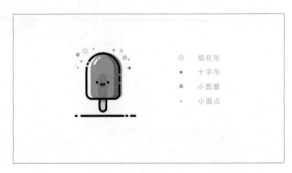

图 8-6

另外，还有其他的特征，比如水平线的存在，以及物体对象的拟人表情。但笔者认为这些并非一定的要件，可以适当增删。了解了这些造型特征，才会知道，看上去简单的风格，实质上并不简单。接下，让我们实际动手来感受一下。

2. 开始绘制

步骤 01：打开 AI，新建一个 800px×1000px 的文档。在文档中执行"编辑"→"首选项"命令，在"参考线和网格"这一栏中设置网格线间隔为 20px，次分隔线为 5，当然，这个值并不是绝对的，如图 8-7 所示。

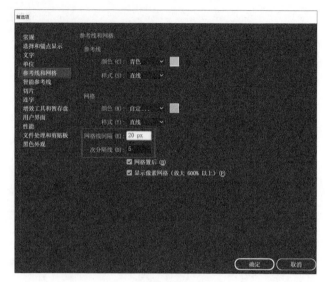

图 8-7

步骤 02：要创作的主题是"刷子"，绘制轮廓线前可以在草稿上画一画，大致有个轮廓，定型后再开始绘制。绘制的线条为 18px，色彩为略带蓝的深黑色 #22334f。

这个世界上物体都可以用这些几何形状组合而成。刷子的轮廓基础形利用圆形、圆角矩形等几何形状简单进行组合即可，如图 8-8 所示。

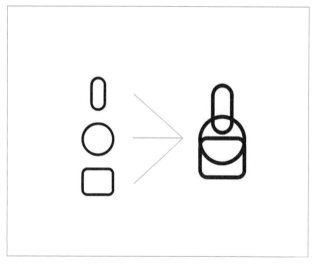

图 8-8

步骤 03：断线是这一风格最为显著的特征，断线处理可以增强线条的丰富感，甚至产生一定的光影感觉。这在线条画中是常常会用到的。

先选中所有对象，利用形状生成工具删掉多余的线条。删掉以后就剩下一个外轮廓，再通过直接选择工具或钢笔工具增加相应的线条，以表现足够简洁又清晰的刷子的形象。

这里要注意工具栏上方的"描边"，单击它描边参数面板，端点选择"圆头端点"，边角选择"圆角连接"，如图 8-9 所示。

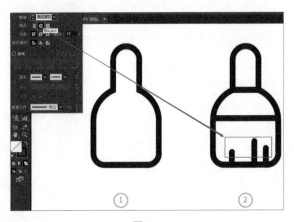

图 8-9

步骤 04：对于水平和竖直方向的线条，可以采用"直接选择工具"对路径的锚点进行调整，而对于圆弧形的路径，则可以采用剪刀工具或钢笔工具调整，如图 8-10 所示。至此线条的部分就制作完成了。接下来进入填色的环节。

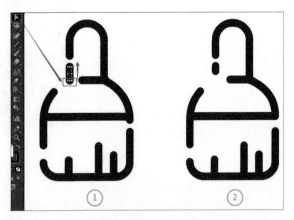

图 8-10

步骤 05：填色的形状要位于轮廓线下方（即不遮挡轮廓线），并且和轮廓线所形成的各部分轮廓一致，因此，在此可以借用轮廓线，将其复制后将进行断线后的锚点重新连接，形成一个封闭形状后，关闭描边，并对其进行橙色填充，橙色值为 #f97658，如图 8-11 所示。

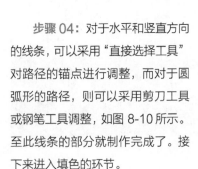

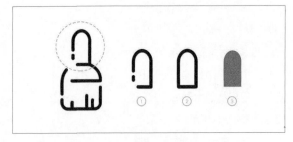

图 8-11

步骤 06：按照上一步的方式，填充完所有的形状。形状的位置与轮廓线形成一定的"错位"，如图 8-12 所示。

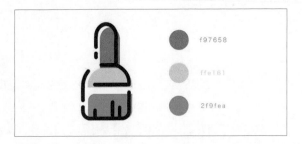

图 8-12

步骤 07：高光的位置位于左方，而阴影位于右方，在填充光面与阴影的时候，要做到对此心中有数。在亮的位置再增添一定的反光效果，反光就用白色的线条表示。我们用亮色与阴影来标识，如图 8-13 所示。

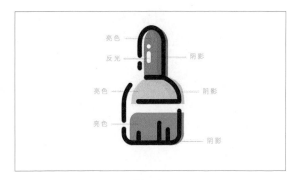

图 8-13

步骤 08：为它增加一个笔刷刷过的痕迹。先用矩形工具创建一个 30×300 的矩形，填充色为 #3e9bf7。然后再复制一个矩形，将其向右移动 30px，不断复制，到 8 个矩形并列时停止，将间隔的矩形删除，如图 8-14 所示。

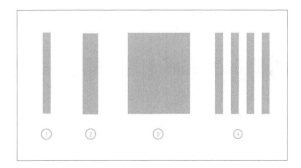

图 8-14

步骤 09：在上一步的矩形之上再增加一个与其宽度相当的矩形，并利用"路径查找工具"将其合并为一个路径。合并后，就可以选中锚点，适当修饰矩形条的长短，使其变得更为随机。调整好以后，选中矩形条的锚点，使直角变为圆角，如图 8-15 所示。

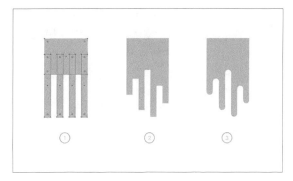

图 8-15

步骤 10：利用同样的方式再绘制一个痕迹，填充色为 #d6eafd，更为浅淡的蓝色在这里表现了色彩的层次感，如图 8-16 所示。

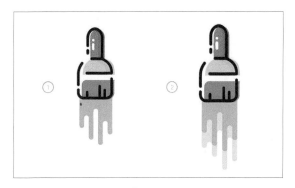

图 8-16

步骤 11： 在 MBE 风格的特点 4 里已经列举了出现的小装饰，这里我们制作出各种类型的小装饰，色彩各异，将其点缀于刷子的旁边。最终效果如图 8-17 所示。

图 8-17

8.1.2 金刚区主题图标

金刚区是一个页面中头部的重要位置，是页面的核心功能区域，金刚区一般位于首图 banner 之下，比如饿了么外卖 App 首页 banner（广告横幅）下的两行图标、淘宝 App 首页 banner 下的两行图标、支付宝 App 首页头部的 4 个图标就是金刚区，如图 8-18 所示。

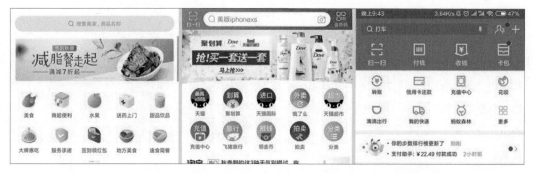

图 8-18

金刚区图标主要起着业务导流和功能入口选择的作用，属于页面的核心功能区域，一般情况下一屏 6~10 个。

1. 金刚区图标常见设计手法

金刚区图标常见的类型有 3 种。

① 面型图标。

② 实拍图标。

③ 线型图标。

下面通过案例来分析它们的设计手法和设计亮点。其中线型图标较为常见，不再举例。

（1）淘宝 App——面型图标

因为淘宝的业务线很多，涵盖的
方向也很多，所以金刚区的部分是 1
排 5 个图标，共 2 排也就是 10 个图标。
一行 5 个图标也是当下行业内的图标
数量极限了。再多的话势必会显得很
拥挤，而且图标的可识别性会打折扣，
如图 8-19 所示。

图 8-19

总结： 淘宝 App 金刚区组成为圆形底板＋业务说明＋图形＋板块名称。在设计风格上都是扁平化的图标，没有添加阴影、高光等立体效果。

（2）盒马 App——实拍图标

盒马的图标都非常精致美观，采
用实拍图片加彩色圆形背景的设计手
法，让人潜意识里觉得里面的东西应
该会很好吃，如图 8-20 所示。

颜色： 底板的配色依然是业务色，
比如"海鲜水产"的底板色是海蓝。
但有一点要注意，底板色要与实物实
拍图有区别，不能看起来有融为一体
的感觉。而且为了营造新鲜感，颜色
应明亮一些。

造型结构： 实拍实物摆放角度为
从左上向右下的斜 45°。此处采用
了"破格"的设计手法，让实拍物品
一小部分冲出了圆形底板，空间感很
强，如图 8-21 所示。

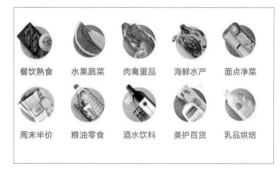

图 8-20

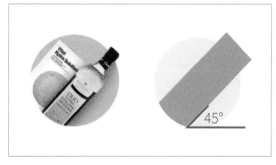

图 8-21

总结： 盒马 App 金刚区组成为实物实拍＋统一圆形底板＋板块名称。金刚区图标大多采用两件物品进行摆拍，而在两件物品的组合上选的是大小对比的物品，更有层次感。类似的实拍图标还有小米有品、网易考拉。

2. 节日主题图标设计

下面来设计一个节日主题的金刚区图标。

步骤 01：整理关键词。

搜索和关键词相关的图片，提炼符合节日主题的颜色，春节主题色以红黄搭配比较常见，如图 8-22 所示。

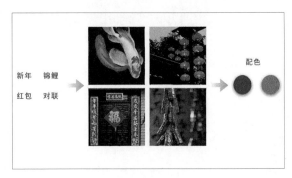

图 8-22

步骤 02：绘制草图线稿。

根据锦鲤、祥云等元素绘制初步的草图，如图 8-23 所示。传统祥云元素可以简化设计，点缀即可。

图 8-23

步骤 03：上色。

使用椭圆工具绘制圆形，背景使用红色到橘黄的渐变叠加，其余形状使用钢笔工具勾勒，如图 8-24 所示。

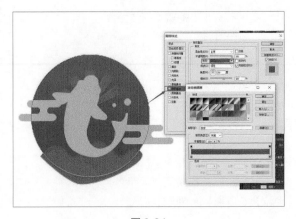

图 8-24

步骤 04：细化

选中金鱼层，使用加深、减淡工具绘制明暗，使金鱼立体起来，同时为云彩图层加上投影，加强层次感，如图 8-25 所示。操作完成。

图 8-25

特别提示

在绘制图形时，开启锁定透明像素功能（单击"锁定透明像素"按钮），可以在图层范围内绘制。

总结： 细节拆分后，图标由主图标和 4 个图形组合而成，其中适当地添加投影可以增强层次感，如图 8-26 所示。

图 8-26

教学视频扫码看

8.2 设计布局

良好的视觉层次结构并不只是迎合酷炫的视觉效果，而是以合理的方式组织信息。UI 设计中的空间和布局应该注意哪些细节？

1. 空间与 UI 的关系

空间与 UI 布局和组合相关，与颜色、结构和图像一起都属于设计视觉语言的基本内容。空间有助于设计师创造视觉呼吸空间，使用户希望留在页面上，并可以创建重要内容的重点。

谈论 UI 设计中的空间时，我们通常指的是两个概念：邻近和负空间（留白）。

2. UI 布局中的邻近度

邻近度是 UI / UX 设计中的格式塔理论的设计原则。接近原理基于这样的想法：在屏幕上彼此接近的对象彼此相关（特别是与那些彼此远离的对象相比）。

通常，设计将实现邻近区分元素组并为 UI 元素和图标组创建子层次结构。

3. UI 布局中的留白

留白是屏幕上 UI 元素之间的空间。充分利用留白有助于消除界面信息的拥挤，使用户可以更轻松地关注重要元素和阅读内容（实际上，有效留白可使可读性提高 20%）。

留白不是关乎界面中 UI 元素的数量，而是关乎质量。过多的元素和信息会导致界面可读性差。

4. 在 UI 布局设计中有效利用空间

如何将空间纳入 UI 布局设计因屏幕而异。例如，一般在主页上可以使用大量空白来强调按钮，但在列出多个项目的网站上却使用较少，例如电子商务产品页面。

5. UI 布局对齐

设计师构建界面时，将画布上的空间元素对齐，界面会更加整齐。应把控元素之间和周围的空间，创建重点并为用户界面定义视觉路径。

6. 组织内容和视觉层次结构

视觉层次结构是设计中一个有趣的概念。这是用户处理屏幕上信息的顺序。

设计时需要注意视觉层次结构，以确保用户可以轻松地查找和理解信息。

以下是应考虑的视觉特性，以使屏幕尽可能地可读和可用。

邻近： 放置相关元素有助于信息划分。

空白： 适量的空白可以帮助突出重要内容。

大小： 大小对比有利于用户对界面信息的接收。

颜色： 明亮的颜色更容易捕捉视觉（具体根据产品设计语言定义）。

对比： 用户容易被突出的信息吸引到。

对齐： 界面更清晰，增强可读性。

重复： 重复一致性有助于将元素联系在一起。

8.2.1 Web 布局技巧

在界面框架内系统布局是页面所有模块的组合方式，一个页面框架中基础模块和内容模块的数量最好不超过 3 个。经过调研和归纳总结出三大布局类型，分别是上下布局、左右布局、T 字形布局。

1. 上下布局

上下布局是 Web 端应用最广泛的布局方式之一，页面内容区以 feed 流形式展现，一般用在 Web 端官网首页上。设计师的普遍做法是以两边留白区域之间为内容区并进行最小值的定义，一般定义值为 1200 的较多（具体宽度要设计师设置栅格来确定，后面会讲到如何设置栅格），当留白区域达到极小，超过极限值之后需要对中间的内容区域进行动态缩放或遮挡，此逻辑需设计师根据业务所需而定。也有少部分设计师会设计成全屏布局，内容随浏览器宽度自适应，如图 8-27 所示。

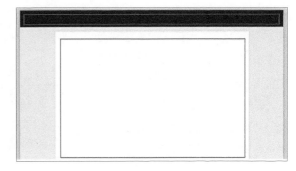

图 8-27

其优点是页面结构清晰简单，突出内容区，但缺点是布局的规矩呆板，变化少。设计师如果不注意合理的视觉元素和色彩细节变化，用户很容易感觉到乏味，此布局适用于层级较为简单的页面。

巨量引擎（Ocean Engine）是字节跳动旗下的营销服务品牌，设计官网时正是采用了上下布局作为页面布局，顶部导航整合了所有子页面的内容，导航下方为主要内容区并且内容定宽，当时采用此布局原因第一是因为官网层级较简单，只有 3 个层级内容，第二是官网更需要的是突出内容区，所有页面使用次布局更为合适，如图 8-28 所示。

图 8-28

2. 左右布局

设计师在设计重内容，轻导航类型网站时常用左右布局作为基础框架进行页面设计。此布局把系统页面分为两大模块，其中设计师通常的做法是将左侧设置成导航栏模块并且固定，常常用来控制全局内容。而右侧区域设置成工作区域或内容区，内容区可动态缩放，如图 8-29 所示。

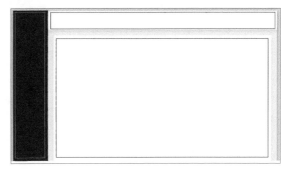

图 8-29

图 8-30 所示为飞书沟通窗口截图，从外观结构上看飞书结构是采用了左右布局，整个布局结构清晰有理也符合左右布局特点。从交互体验分析，左侧属于导航区，它承载了不同功能并且固定；右边为聊天窗口，对于业务属性分析它更为重要，所以模块较大。其导航栏固定，内容区可动态缩放。

图 8-30

3. T 字形布局

T 字形布局常用在 Web 端的中台系统中，因为中台系统业务结构复杂，层级多，而 T 字形布局能够解决复杂结构的问题。使用此结构能够把页面结构清晰化，主次更加分明。设计师通常的做法是将顶部作为一级导航栏，方便控制全局，左边设计成二级导航栏，导航栏固定，右边的内区

图 8-31

域可动态缩放（一般会把其设计成栅格动态区域），内容随浏览器宽度自适应，如图 8-31 所示。

下图是 Material Design 设计文档，Material Design 设计文档中的结构使用了 T 字形布局作为基础布局。页面分为了 3 个模块，其中顶部导航作为页面一级内容进行全局控制，接下来左边为侧边导航，作为二级内容控制页面，右边是内容区，满足用户使用浏览，如图 8-32 所示。

图 8-32

总结： 以上为 Web 常见的三大布局，但是需要大家在实际的工作中灵活运用。设计师在日常工作中可能会遇到更为特殊的业务场景，可以通过整理基础模块，然后分析其业务的信息框架，对模块进行相互组合、嵌套、归纳，可以总结出更多的 Web 端布局框架并应用到业务中。

8.2.2 列表区布局思路

产品列表是用户挑选商品，决定是否购买或使用的关键页面，合理的布局方案不仅能提升用户的视觉体验，同时还能提高用户的操作体验，从而促使用户下单。

什么样的布局才是有效的呢？要结合产品和用户需求来总结，以下是常用的四大布局思路，如图8-33 所示。

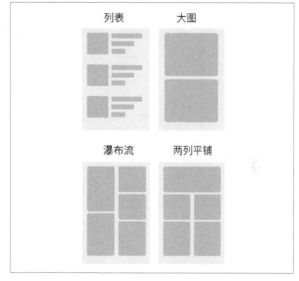

图 8-33

1. 列表布局

列表布局即图文列表，列表中竖直分布多行元素，一般左图右文为一个单位，重在文本内容，图片小细节无法展现。优点在于阅读顺序自上而下，有利于产品信息对比，同屏展示的产品多，有利于快速查看多个产品，如图8-34 所示。

图 8-34

使用场景：大众点评和淘票票作为团购类应用，都采用列表布局，有利于用户快速查找产品，图片主要起到视觉辅助作用，用户重点浏览的就是价格信息，因此列表布局适合在商品对比的场景中使用。

2. 大图布局

大图布局即一行只展示一张图片，用户可清晰浏览图片，一屏可展示内容少，不利于产品信息的对比，所以适合以图片为主的产品，如租房、订房类产品，如图 8-35 所示。

使用场景： 用户需要通过图片进行对比，客单价较高，要通过真实大图增强信任感，常用于租房、订房等产品推荐列表中。

图 8-35

3. 两列网格布局

两列网格布局即一分为二，图文上下展示，类似网格，浏览顺序呈现 Z 字形，有利于信息对比和展示更多产品。文字在图片上的时候常采用底部加渐变图层形式，文字信息不宜太多，如图 8-36 所示。

使用场景： in 和严选都为图片社交电商，即通过吸引用户为感兴趣的图片种草，进而促使其完成下单这一行为。通常在以图片对比为主，但不需要用大图显示的场景中可采用两列网格布局。

图 8-36

4. 两列瀑布流布局

两列瀑布流布局和两列网格布局差不多，图片宽固定，而高随尺寸变化，采用不规则的 Z 字形布局，有一定趣味性，在以图片分享为主的产品上经常看到，如图 8-37 所示。

使用场景：小红书和淘宝为电商类产品，均以图片展示为主，视频为辅，图片质量和尺寸不一，数量较多，采用瀑布流提高了图片的显示度，多用于用户无目的地闲逛的场景，可以无限下滑。

图 8-37

教学视频扫码看

8.3 设计方法论

在做产品的过程中，作为互联网产品设计师的我们，经常会接到来自 PM、领导、业务方等的各种需求。有的时候，哪怕为了一个小功能、次级页面都会争得不可开交。这个时候怎么办呢？到底应该听谁的呢？哪个需求优先级高？哪种呈现方法是更靠谱的呢？

对设计人员来说，设计方法和模型就是辅助我们更好做设计的利器。就像厨师做菜时候的菜谱一样，面对新的菜单，能更快指引我们做出味道不错的佳肴。

体系化的设计方法一方面能更好地指导设计师做设计，另一方面，经过设计方法包装后的设计能让设计师更坦然面对来自各方的质疑，更专业地讲述自己的设计依据。在做不同菜肴的时候，我们需要不同的菜谱来指引；而在不同的设计阶段，设计师也需要不同的设计模型、方法，让我们更灵活地做设计分析与输出。

本节就来详细讲解几种实际项目中常用的设计方法论。

8.3.1 Kano 模型

什么是 Kano 模型？

Kano 模型是东京理科大学教授狩野纪昭（Noriaki Kano）发明的对用户需求进行分类和排序的

工具。通过分析用户对产品功能的满意程度，对产品功能进行分级，从而确定产品实现过程中的优先级。

Kano 模型是一个典型的定性分析模型，一般不直接用来测量用户的满意度，常用于识别用户对新功能的接受度。帮助企业了解不同层次的用户需求，找出顾客和企业的接触点，挖掘出让顾客满意的至关重要的因素。常用于问卷调查、用户画像和需求设计文档之中。

1. Kano模型的需求分类

在 Kano 模型中，根据不同类型的需求与用户满意度之间的关系，可将影响用户满意度的因素分为 5 类，即兴奋型需求、期望型需求、基本型需求、无差异需求、反向型需求，如图 8-38 所示。

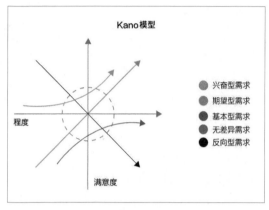

图 8-38

（1）兴奋型需求

兴奋型需求即所谓暗处，是用户意想不到的，需要挖掘、洞察。若不满足此需求，用户满意度不会降低，若满足此需求，用户满意度会有很大的提升，如图 8-39 所示。

当用户对一些产品或服务没有表达出明确的需求时，企业提供给用户一些完全出乎意料的产品属性或服务行为，使用户产生惊喜，用户就会非常满意，从而提高用户忠诚度。

图 8-39

（2）期望型需求

期望型需求即所谓痒处。当满足此需求时，用户满意度会提升，当不满足此需求时，用户满意度会降低，如图 8-40 所示。

它是处于成长期的需求，客户、竞争对手和企业自身都关注的需求，也是体现竞争能力的需求。对于这类需求，企业的做法应该是注重提高这方面的质量，力争超过竞争对手。

图 8-40

（3）基本型需求

基本型需求即所谓痛点。对于用户而言，这些需求是必须满足的、理所当然的。当不满足此需求时，用户满意度会大幅降低，但满足此需求时，用户满意度不会得到显著提升，如图 8-41 所示。

这类需求是核心需求，也是产品必做功能，企业的做法应该是注意不要在这方面减分，需要企业不断调查和了解用户需求，并通过合适的方法在产品中满足这些需求。

图 8-41

（4）无差异需求

无差异需求是用户根本不在意的需求，对用户体验毫无影响，如图 8-42 所示。

无论满不满足此需求，用户满意度都不会有改变。对于这类需求，企业的做法应该是尽量避免。

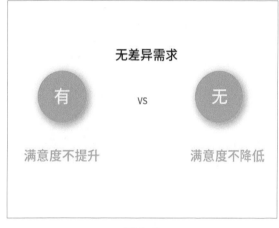

图 8-42

（5）反向型需求

用户根本都没有此需求，满足后用户满意度反而下降，如图 8-43 所示。

总而言之，我们做产品设计时，需要尽量避免无差异型需求、反向型需求，至少满足基本型需求、期望型需求，挖掘兴奋型需求。

图 8-43

2. 具体案例

首先将需求导出，罗列出清单，每个功能点对应清单中的一项，而每一项需要设计两个问题，两个问题且为正反提问。

例如：论坛帖子增加"点弱"按钮的需求，设计的问题如下。

问题 1： 若论坛帖子增加"点弱"按钮，你的感受是？
A. 非常喜欢　B. 理应如此　C. 无所谓　D. 勉强接受　E. 很不喜欢
问题 2： 若论坛帖子不增加"点弱"按钮，你的感受是？
A. 非常喜欢　B. 理应如此　C. 无所谓　D. 勉强接受　E. 很不喜欢

步骤 01： 设计问卷问题，发放问卷，如图 8-44 所示。

● **问卷调查** 新增功能点设计正反问题

关于论坛帖子增加"点弱"按钮的调查

	非常喜欢	理应如此	无所谓	勉强接受	很不喜欢
有此功能					
无此功能					

图 8-44

参照对照表，每份问卷的每个功能点都有了分类结果，如图 8-45 所示。

● **Kano 评价结果分类对照表**

		不提供此功能				
		非常喜欢	理应如此	无所谓	勉强接受	很不喜欢
提供此功能	非常喜欢	Q	A	A	A	O
	理应如此	R	I	I	I	M
	无所谓	R	I	I	I	M
	勉强接受	R	I	I	I	M
	很不喜欢	R	R	R	R	Q

图 8-45

例如，某问卷中针对"论坛帖子增加点弱按钮"，编号 01 用户所持的态度，参照对照表，对应的分类为 M（必备型）；同理，编号 02 用户所持的态度对应的分类为 O（期望型）。

当正向问题的回答是“我喜欢”，负向问题的回答是“我不喜欢”，那么对应 Kano 评价表中，这项功能特性就为“O”，即期望型。如果将用户正负向问题的回答结合后，为“M”或“A”，则该功能被分为基本型需求或兴奋型需求。

其中，R 表示用户不需要这种功能，甚至对该功能有反感；I 类表示无差异需求，用户对这一功能无所谓。Q 表示有疑问的结果，一般不会出现这个结果（除非这个问题的问法不合理，或者是用户没有很好地理解问题，或者是用户在填写问题答案时出现了错误）。

简单来说就是：

A：魅力型；O：期望型；M：必备型；I：无差异型；R：反向型；Q：可疑结果。

步骤 02： 统计问卷，进行 Kano 模型二维属性归属分析，如图 8-46 所示。

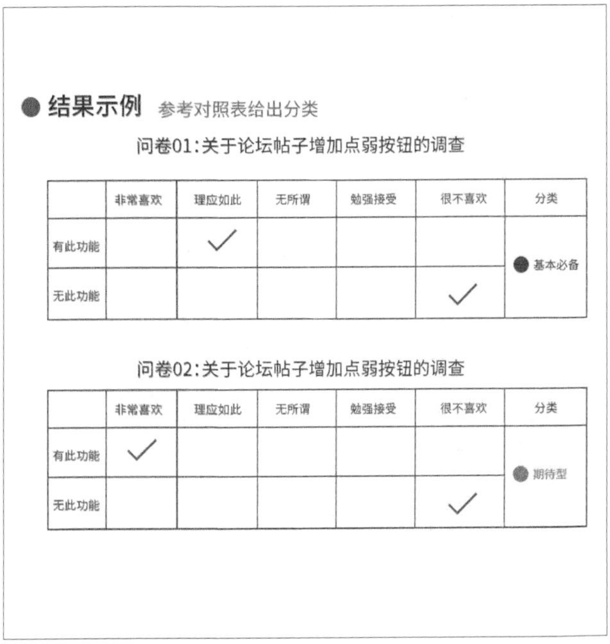

	非常喜欢	理应如此	无所谓	勉强接受	很不喜欢	分类
有此功能		✓				基本必备
无此功能					✓	

	非常喜欢	理应如此	无所谓	勉强接受	很不喜欢	分类
有此功能	✓					期待型
无此功能					✓	

图 8-46

步骤 03： 对问卷结果进行分类统计。经统计汇总，“A（魅力型）、O（期望型）、M（必备型）、I（无差异型）、R（反向型）”所占的比例分别是“23.5%、36.7%、28.4%、6.7%、0.8%”。其中 O 的比例最高，占 36.7%，所以该需求为 O（期望型），如图 8-47 所示。

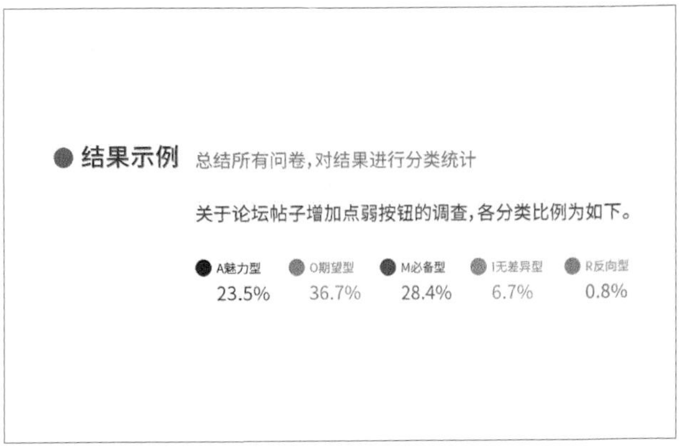

图 8-47

步骤 04：计算统计表格数据，如图 8-48 所示。

计算统计表格数据

记录所有合理数据，与表格对应

		不提供此功能				
		非常喜欢	理应如此	无所谓	勉强接受	很不喜欢
提供此功能	非常喜欢	9.4%	5.2%	12.3%	20.1%	28.9%
	理应如此	0.7%	5.8%	2.9%	1.4%	2.8%
	无所谓	0.0%	0.0%	9.4%	0.0%	1.2%
	勉强接受	0.0%	0.0%	0.7%	1.4%	0.3%
	很不喜欢	0.0%	0.0%	0.0%	0.0%	0.0%

● A魅力型	○ O期望型	● M必备型	◐ I无差异型	● R反向型	● Q可疑结果
37.6%	28.9%	4.3%	21.6%	0.7%	9.4%

图 8-48

从表中不难看出，论坛帖子增加点弱按钮的这个功能在 6 个维度上均有可能得分，将相同维度的比例相加后，可得到 6 个属性维度的占比总和。总和最大的一个属性维度，便是该功能的属性归属。

可以看出"论坛帖子增加点弱按钮的这个功能"属于兴奋型需求。即说明没有这个功能，用户不会有强烈的负面情绪，但是有了这个功能，会让用户感受到满意和惊喜。

计算 Better-Worse 系数

Better-Worse 系数表示某功能可以增加满意或者消除不喜欢的影响程度。

Better，可以解读为增加后的满意系数。Better 的数值通常为正，代表如果产品提供某种功能或服务，用户满意度会提升。正值越大 / 表示用户满意度提升的效果会越强，满意度上升得越快。

Worse，可以叫作消除后的不满意系数。Worse 的数值通常为负，代表产品如果不提供某种功能或服务，用户的满意度会降低。负值越大表示对用户不满意度的影响越大，满意度降低的影响效果越强，满意度下降得越快。

因此，根据 Better-Worse 系数，对二者系数绝对分值较高的项目应当优先实施。其计算公式如下。

$$增加后的满意系数\,Better\,/\,SI = \frac{A+O}{A+O+M+I}$$

$$消除后的不满意系数\,Worse/DSI = -\frac{O+M}{A+O+M+I}$$

步骤 05: 通过上述步骤和公式,对所有功能点的分类结果进行定论。

根据功能的 Better-Worse 系数值,将散点图划分为 4 个部分,以确立需求优先级。总的排序规则为: 不同类别需求的优先级排序规则是"必备型 > 期望型 > 魅力型",同类需求的优先级排序规则是"Better 值越高,优先级越高"。将问卷结果落在不同部分的结果如图 8-49 所示。

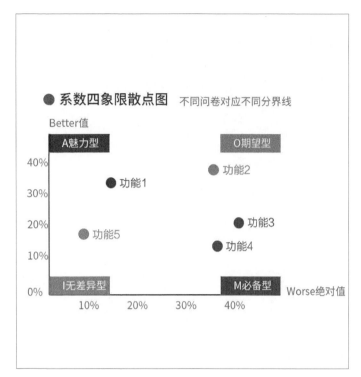

图 8-49

如图 8-49 所示,排序优先级为"功能 3 > 功能 4 > 功能 2 > 功能 1"。这说明该产品先满足功能 4 和功能 3,再优化功能 2,最后满足功能 1。而功能 5 对用户来说有或者没有都无所谓,属无差异型需求,并没有必要花大力气去实现。

总结: 在需求众多且无法确定优先级时,不妨通过问卷的形式在目标用户群进行调研,通过 Kano 模型可以对需求进行如下分析。

①分类: 通过分类的结果指导实现方向,剔除"无差异需求、反向型需求",保证"必备型需求、期望型需求",挖掘"魅力型需求"。

②分级: 明确不同类别和相同类别需求的优先级。

8.3.2　双钻模型

1. 概念说明

双钻模型由英国设计协会提出,该设计模型的核心是: 发现问题和发现解决方案。双钻模型是一个结构化的设计方法,被很多设计师喜爱和使用,如图 8-50 所示。

- 探索 / 调研——透析问题（发散）。
- 定义 / 合成——聚焦领域（集中）。
- 发展 / 构思——潜在问题（发散）。
- 传达 / 实现——实施方案（集中）。

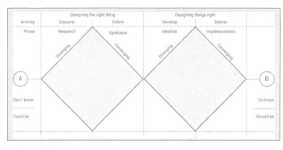

图 8-50

2. 使用场景

一般应用在产品开发过程中的需求定义和交互设计阶段，教我们如何对未知的可能的事物进行探索，一步步到达已知的理应的层面。

3. 操作使用说明

双钻模型的 4 个阶段也许很精简，但可合并为两个主要的阶段，如图 8-51 所示。

第一阶段：做对的事（菱形A——探索和定义）。

第二阶段：把事情做对（菱形B——开发和履行）。

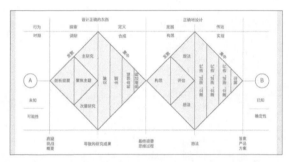

图 8-51

4. 具体案例

图 8-52 所示是对阿里内部一款移动运维产品的分析，分析其从 0~1 的方向探索和从 1~1.5 的发展历程。

图 8-53 所示是一个设计讲座中滴滴一位设计师分享的模型，把双钻模型利用到设计的研究和输出阶段，此模型此刻的使用场景也很贴切，不仅仅是在完整的一个项目中，在单一的某个阶段双钻模型也是理念很好的承载容器。

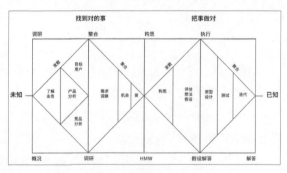

图 8-52

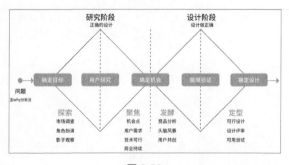

图 8-53

练习题

使用本节所述两种分析方法，分析一款 App 产品。

教学视频扫码看

8.4 B 端产品

在国内，行业习惯将互联网产品划分成"B2C"和"B2B"，B2C 全称是 Business-to-Consumer，即企业到客户的服务，B2B 全称是 Business-to-Business，即企业对企业的服务。它们还会被进一步缩写成"2C"或"2B"。

C 端产品：是面向终端消费用户的产品，对于使用者而言主要用来满足自己的日常生活需求，例如娱乐、消费、学习、出行等。

B 端产品：是面向企业用户的产品，用户通过它进行日常的商业活动，例如企业库存管理、销售统计、员工出勤考核等。可以说，用来解决企业需求的产品都是 B 端产品。

B 端产品大致分为两类，一种是支撑前台产品的，另一种是管理资源的，前者就是我们熟悉的后台产品，后者就是给各个企业服务，提高各个企业工作效率的 B 端产品。

1. B 端产品分类

（1）支撑前台产品的

C 端产品线的后台产品，比如我们常用的淘宝、微信、饿了么、美团这种 C 端产品，都需要有个后台进行各种前端信息的管理。

平台级工具产品，比如微信公众号、头条号等可对用户和文章的数据进行实时统计，可编辑文章、回复消息等，如图 8-54 所示。

图 8-54

（2）管理各种资源的

① OA 办公系统（OA 系统是通过程序的形式使办公流程自动化的解决方案）。

② CRM 系统（CRM 是企业专门用来管理客户的工具）。

③ SaaS 系统（SaaS 通常指第三方提供给企业的线上软件服务，它既可以包含前面几种服务类型，也可以针对一些更细化的需求）。

④ ERP 系统（ERP 是对企业所拥有、调动的资源进行统一管理的平台）。

2. B 端和 C 端的区别

B 端和 C 端的区别如图 8-55 所示。

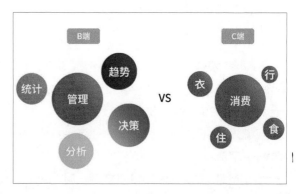

图 8-55

（1）从定义上

● B 端：To B 就是 To Business，面向企业或者特定用户群体的企业级别产品。

● C 端：To C 就是 To Consumer，产品面向普通大众消费者。

（2）从用户群体上

● B 端：产品一般是多种角色，有决策者、管理者和执行者，B 端往往是基于公司层面，多人对某一问题解决方案进行整体评估。

● C 端：用户群体较单一，或者是专注于某一领域群体，可根据性别、职业或行为偏好等关键属性进行分类。

（3）业务场景

● B 端：业务场景多、逻辑复杂，根据每个人角色需要有不同的解决方案。

● C 端：业务场景较单一，或者专注于某个垂直的使用场景。

（4）用户的诉求

● B 端：控制成本、提高效率，注重安全和稳定。

● C 端：重视人性和用户体验。

（5）盈利模式

● B 端：有明确的盈利模式和用户群体，如企业年度服务费等。

● C 端：大部分 C 端产品都是免费使用的，以此吸引用户使用，等积累到一定数量时，需要探索变现的路径，或者寻找其他变现的路径。

对于新手来说，要一口气掌握所有类型的 B 端产品是不切实际的，所以我们挑选其中应用最广泛的"网页程序"作为切入点。而且在国内互联网语境中，B 端产品的狭义解释也基本可以和面向企业的"网页程序"等同，可用更接地气的称呼——管理平台，如图 8-56 所示。

管理平台设计已经是今天 UI 设计师日常工作中必会的内容，相信很多已经在职的设计师已经有所体会，下面，我们就来具体认识一下 B 端的管理平台设计有哪些基础知识需要掌握。

图 8-56

8.4.1 B 端产品设计原则

1. 学习成本 & 感知成本

对 B 端产品来讲，设计师在设计的时候是不需要耗费太多的精力去思考的，只是按照交互设计师的规划堆砌图表和列表。但是对于使用者来讲，其中纵横交错的商业逻辑和业务逻辑却给用户搭建了一个十分高的门槛，如图 8-57 所示。

图 8-57

2. 赋予价值

赋予价值是常见的提升 B 端产品品质的一种方式，这里说的赋予价值跟上文所述的"价值体系搭建"并不相同。

其实作为 B 端产品的设计者，我们期望通过自己的努力让产品有更多的玩法，让视觉效果有更多的花样，我们期待以此来获得用户的认同。但是从 B 端产品用户的角度来说，这些并非是他们重点关注的点。例如我们将一个进销存软件所有的功能都考虑清楚，使用者需求在所有的使用场景下都可以得到满足，都不如通过优化流程、提升产品使用效率去将使用者给解放出来。

其实在这里可以大胆预测一下，在未来所有 B 端产品的设计者都会想办法降低用户的使用时长，"用完即走"可能会成为未来工具类 B 端产品的一个设计原则。

3. 降低妨碍&功能引导

B 端产品因为集成了很多的功能和信息，所以在设计的过程中尽可能合理地安排信息的布局是非常重要的。常见的方法是优化字段以及页面元素，让用户看起来更直接，并且加入一些功能引导部分，让用户对于一些功能有很快的认知（这个功能是什么&我能用这个功能做什么），如图 8-58 所示。

《用户体验要素》上说过"不管用户访问的是什么类型的网站，它都是一个'自助式'的产品。没

图 8-58

有可以事先阅读的说明书，没有任何操作培训或讨论会，没有客户服务代表来帮助用户了解这个网站。用户所能依靠的只有自己的智慧和经验，来独自面对这个网站"。

4. 页面清晰简洁&场景下保持高效

B 端产品的用户一般比 C 端产品的用户要更有专业性，同时也更有耐心。但是如果我们的页面设计的功能过于复杂或者为了丰富页面加入很多的冗杂字段，会对用户造成不必要的影响，如图 8-59 所示。

而高效则是另一个在交互设计中需要注意的问题，高效从另一个角度上讲，可减少用户不必要的操

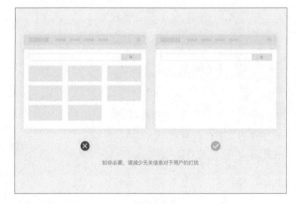

图 8-59

作和页面的跳转，例如，ERP 系统中的客户管理，在客户列表页修改客户资料的时候，尽可能使用弹窗，这样会大大减小页面跳转的频率。

但是与此同时，减少页面跳转并不代表真正的高效，再次以 ERP 系统为例，所有的订单需要按照指定的流程一步步进行操作而并非一步到位，这样虽然页面的跳转增加，但是可以避免操作出错给用户带来更大的困扰。

5. 设计的一致性

当然看到这一点时很多成熟的
设计师可能会表面上毫无波澜，内
心甚至想笑。但是实际上对于 B 端
产品而言，需求、开发、上线，这
会是一条漫长的战线。除非是一些
大公司，否则很少有设计师能只跟
随一个产品走到最后。当你两个月
之后再参与这个项目，你会发现你

图 8-60

对这个产品开始陌生了。往往就会产生同一个设计师做出来的设计图像是两个设计师做的一样的情况，
如图 8-60 所示。

坚持设计的一致性是很重要的，例如产品的交互操作（弹窗的样式、列表页左右功能布局）、按
钮的不同状态、字体大小的规范、系统导航条的样式及位置、切换页面的触发等，都属于一致性中必
不可少的因素，当产品的一致性程度较高，就可以降低用户的学习成本、提高用户的使用效率。

8.4.2 实战：B 端《纳米系统》案例解析

1. 项目背景

《纳米系统》是一款制造纳米
材料相关的 B 端产品，纳米系统
是材料公司用于控制纳米材料生产
的操作系统软件，主要制作纳米复
合绝热芯材，用于阻燃型高效真空
绝热板及建筑外墙保温领域，如图
8-61 所示。

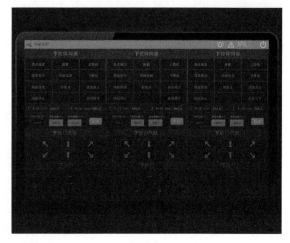

图 8-61

2. 产品现状

改版前页面布局较为混乱，文字大小、粗细没有统一，文字内容显示太多，不利于阅读，布局稍
显拥挤，如图 8-62 所示。

因为是操作系统，亮色背景在长时间操作下比较刺眼。文字按钮较多，给人一种无处下手的感觉。

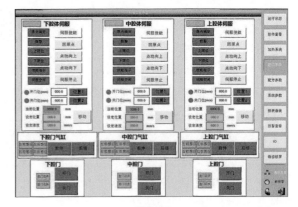

图 8-62

3. 产品分析

首先使用四象限法则（艾森豪威尔法则）来分析产品，什么是四象限法则呢？

艾森豪威尔法则又名四象限法则或者十字法则，由于每个人的时间有限，在一段时间内能够完成的事情也有限，所以很有必要为需要做的事情分优先级，先完成什么，再完成什么，或者哪些是不需要完成的，按照"要事第一"的法则，将需要做的事情分成 4 类，如图8-63 所示。

应用到 UI 设计中就是从视觉和产品功能两个角度出发。

视觉层次划分：分析模块，哪些视觉效果应该做的强一些，哪些弱一些。

产品功能优先级：按使用率、需求排序。

首先，化繁为简，把信息归纳起来，将原图分成 5 个模块，即功能区、导航区和 3 个操作区，如图8-64 所示。

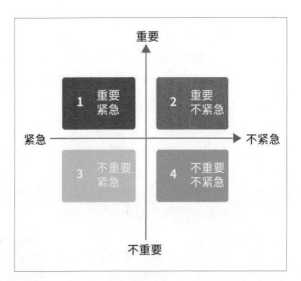

图 8-63

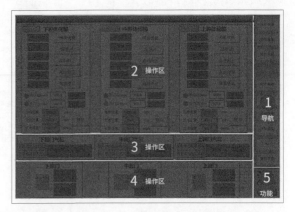

图 8-64

按照四象限法则，将原图的模块重新排列，其中突出常用的操作区，导航区和功能区其次，如图 8-65所示。

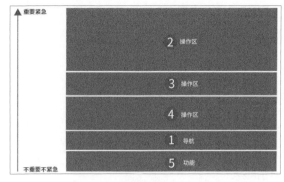

图 8-65

4. 改版设计

视觉层次的改版从 4 点出发，如图 8-66、图 8-67 所示。

背景色使用深色，减少视觉疲劳。

导航栏移至底部，给高频使用的操作区留足空间。

原图文字按钮过多，读取慢，上下左右的文字按钮改成图标式，一目了然。

导航栏使用文字加图标显示，更易读。

图 8-66

总结： B 端产品要根据项目具体问题具体分析，易读性、简洁性要首先考虑，然后使用设计原理逐步拆分问题，这样设计才能有理有据，而不是凭感觉了事。

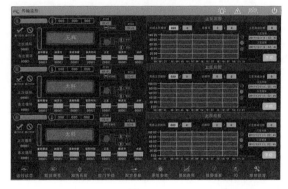

图 8-67

教学视频扫码看

8.4.3 实战：B 端《数据挖掘》案例解析

1. 项目背景

《数据挖掘》系统是机械制造公司用于管理内部数据的 B 端产品，预测和分析现有数据，为企业决策提供预测性智能平台。它不仅为用户提供直观的流式建模、拖曳式操作和流程化、可视化的建模界面，还提供了大量的数据预处理功能。

2. 产品现状

首先分析项目的主要业务和流程，如图 8-68 所示。发现业务主要是处理业务订单到预排生产计划，最后到生产执行，业务流程复杂，每个节点出现问题都会引起上下游的障碍。

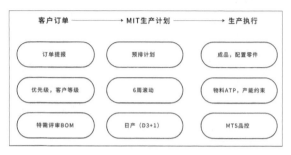

图 8-68

通过业务流程分析得出，合理地运用空间展示数据的逻辑关系和使交互操作符合国内用户使用习惯是本项目设计的两大方向。所以设计初期设立三大目标。

①数据易读（提高用户阅读率）。
②交互操作符合用户习惯。
③布局优化。

3. 产品分析

设计策略有 3 个目标，即数据易读、交互便捷、布局优化，如图 8-69 所示。

图 8-69

使用灰度图绘制大概的框架及布局，页面大致分为 4 个区域，如图 8-70 所示。其中 3 号区为数据展示区（面积最大）。

大致分好功能区域后，就要进行各个区域的细节优化，保持视觉一致性。

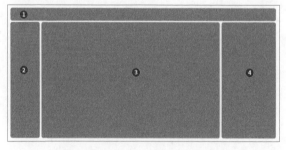

图 8-70

4. 视觉设计

首页如图 8-71 所示。

首页的顶部区域加入收缩按钮，侧边栏可以最小化，中部数据区域可以最大面积显示，方便海量数据的阅读。

中部数据展示区的数据节点在鼠标指针悬停时可变色，可根据业务大小产生粗细变化。

右侧数据列表同样在鼠标指针悬停时可变底色，提升用户体验。

过滤条件：使用图标加文字的形式展示每个标签，方便用户第一时间选择内容，如图 8-72 所示。

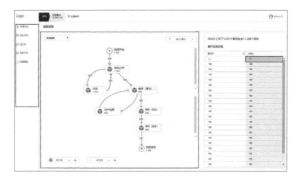

图 8-71

图 8-72

图表页面：根据数据层级显示不同数据样式，鼠标指针悬停时显示详情弹窗，有效利用空间，如图 8-73 所示。

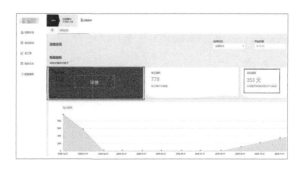

图 8-73

我的日志页面：我的日志页面信息密集，在使用列表设计时，使用背景交替式和分隔线式两种样式做测试，如图 8-74 所示。

1.背景交替式	标题		操作	
	1933		修改	删除
	1934		修改	删除
	1935		修改	删除
	1936		修改	删除
	1937		修改	删除

2.分隔线式	标题		操作	
	1933		修改	删除
	1934		修改	删除
	1935		修改	删除
	1936		修改	删除
	1937		修改	删除

图 8-74

实际使用时考虑到用户查找方便和阅读便捷性，最终使用分隔线式的列表式设计，如图 8-75 所示。

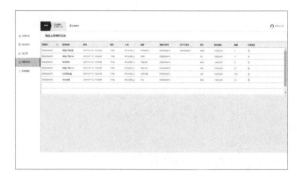

总结： 在遇到信息密集的列表设计时，横向基础表格的纵列数据项不宜过多，过多时页面大量的数据项容易造成用户的视觉疲劳，并且会出现横向滚动条，从而降低用户操作的易用性。

图 8-75

B 端产品的业务逻辑复杂，且理解门槛很高，容易令用户感到枯燥。在列表设计中，通过文字大小、颜色、粗细，列表背景色，状态标识 icon，tag 等清晰展示业务内容，可以提高用户愉悦感，营造良好的用户体验。

 练习题

①制作一套属于自己的 MBE 风格的小图标。

②以中秋为主题绘制一套金刚区图标，数量为 6~10 个。

③举出 B 端产品与 C 端产品的例子，并阐述它们的区别。

9.1 需求梳理

需求梳理的难点在于用户表达出的需求未必是真正的需求，用户的表面需求下往往隐藏着更深的本质需求。但是需求分析是工作开展的第一步，若在需求理解过程中出现偏差，那么再好的产品设计、再好的原型也是没有意义的，如图 9-1 所示。

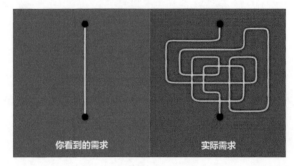

图 9-1

需求是用户的问题。对于业务系统而言，需求即业务的实现过程、原业务实现中的痛点。与互联网产品的区别是，业务系统的需求相对稳定，一般来说变化较少，而产品的生命周期则更多依赖于业务实现方式的调整。

相比于其他产品，业务系统的需求挖掘方式较少，而需求挖掘过程即调研过程，主要工作是与用户深入交流、了解与用户业务相关的规章制度（或行政业务的法律法规）、分析用户此前已经存在的业务系统、分析用户业务的发生场景等，本书对此不做赘述。

9.1.1 产品需求文档 PRD

简而言之，产品需求文档（Product Requirement Docu-ment）是将商业需求文档（BRD）和市场需求文档（MRD）结合，然后用更加专业的语言进行描述。它向上是对 BRD 内容的继承和发展，向下是把 MRD 文档中的各种理论要求技术化，向研发和设计部门说明产品的功能和性能要求。

图 9-2

BRD → MRD → PRD 是一个逐步论证并产出结果的过程，也是产品经理思维升华的过程，如图 9-2 所示。

产品经理的两项主要职责：对产品机会进行评估，以及对开发的产品进行评估。而定义即将开发上线的产品，则需要借助产品需求文档，来进行产品的特征和功能描述。PRD 文档的写作会因公司、团队以及个人习惯而异，没有标准的规范和统一模板，但有三大原则是不可忽略的：文字简练、中低保真、测试验证。

1. PRD 主要构成

（1）引言及概要

这部分主要包括：需求背景、需求概要、需求目的、全局规则说明、名词解说，以及文档变更记录等，目的是让阅读者尽快了解并熟悉需求背景和概要。作为公司内部文档，可以从简来写作。

（2）业务说明及原型图

这是整个文档最核心的部分，包括产品功能主框架，比如业务结构图／流程图、页面交互／功能模块元素构成、权限说明表等。同时，各页面之间基本的交互形式、文本注释及线框图也是不可或缺的。

（3）非功能需求

一些偏向"辅助"类的需求，包括地理位置获取、CDN 缓存策略、Push 推送机制、本地文件存放策略……

如果是产品的第一个版本，那么在整个产品的业务流程和功能结构上就需要花更多的时间来说明，既可以降低与整个团队的沟通成本，也能作为后期开发的证据和备份，而这恰好是 PRD 文档最大的用处。此外，它也发挥着将需求管理归档，促进从"概念化"阶段到"图纸化"阶段过渡的作用，如图 9-3 所示。

图 9-3

2. PRD 写作的三大原则

（1）文字简练

诚然详尽的说明能给开发人员最全面的指导和参考，但"事无巨细"的备注及文字说明有时反而会成为"过犹不及"的反例，增加沟通成本且延误开发进程。在进行产品评审和讨论具体开发细节时，有些问题会被重复提到，而在此过程中，把关键性的逻辑用图表或文本展现出来就很关键了。对于有些"众所周知"的规则和功能需求，可以在产品文档中进行适当精简，否则开发人员也是没有耐心看完的。

事实上，即使你的 PRD 已经十分精练，团队成员也很有可能不会完完整整地看完，有时候甚至会忘记其中一些内容，然后认定是你当时没有添加。当然，如果你跟团队成员之间已经很有默契，彼此知道对方的开发习惯和设计套路，那么即使有些需求没有说明，产品的规划和迭代也同样能进入高效运转的状态。

（2）中低保真

追求视觉细节和交互特效，在对外展示或用户测试时效果固然好，但通常的原型是用于内部沟通交流，只需要用线框图对核心功能及架构进行展示，便可以把产品设计的思路梳理清晰。相反，高保真的原型在遇到后期的需求变更时，会带来非常高的修改成本，而且会严重影响产品设计和开发的进度。正如用户体验五要素理论所说的那样，产品的设计流程应该是：战略层→范围层→结构层→框架层→表现层。

（3）测试验证

这是对产品经理的想法进行呈现的阶段，也是创造力和创新力出彩的地方。对于很多产品来讲，下面 3 个测试十分重要，而且对于 PRD 最终是否"接地气"有着不言自明的决定作用，如图 9-4 所示。

图 9-4

①可用性测试：不仅能适应不同的用户，而且可以找出遗漏的产品要求，从而进一步确认产品最初的要求是否是必需的。当然，从目标用户获取测试反馈，也是非常科学和艺术的。

②可行性测试：通过让设计师和工程师介入技术的可行性调查和探索，可以尽早解决一些不太"现实"的问题，避免付出后期再调整的时间和精力代价。

③概念测试：对用户是否有价值以及是否产生购买欲望的测试，可以结合一些优质快速的原型工具（比如 Mockplus），将产品的预览版本呈现出来，之后在实际目标顾客身上测试，从而得到有质量的反馈。

总而言之，精简说明文字、保持中低保真、进行原型测试和验证，把时间和精力花在如何提高产品核心竞争力上，减少无效及重复的工作，是产出优质、有价值产品及产品需求文档的牵引力。

9.1.2 5W 需求分析法

1. 基本概念

5W 即 What（是何）、Why（为何）、Who（何人）、Where（何地）、When（何时）。

1932 年由美国政治学家拉斯维尔提出的"5W 分析法"，简单来说，是一种思考问题的方式，广泛用于日常工作和学习中。

它是专业的产品经理、运营人员的必备理论之一，主要用来挖掘和分析市场需求。

作为 UI 设计师使用该理论，目的不是要取代 PM 去规划需求，而是为了在接到设计需求，实际动手进行设计之前，可以通过科学的分析方式，从各个维度加深一下对产品的理解，使设计产物更贴合实际需求，不至于跑偏。

2. 5W需求分析法的实际应用

那我们就来看一下，5W 分析法的各个模块映射到设计工作中都代表了哪些内容，我们又该如何去分析这些内容。

最初学习应用这些理论时，肯定会有一定难度，但这是一个习惯的过程，从之前的"意识流设计"过渡到"分析流设计"，关键还是一个熟能生巧的问题。

（1）使用目的

加深 UI 设计师对产品各个维度的理解，使设计产物更符合市场需求。

（2）掌握程度

不要花费过多精力深入研究，大致掌握分析方法，能在工作中快速套用即可。

3. 5W 需求分析法的内容

（1）What

What 是需求概况（快速了解、简单分析），如图 9-5 所示。

图 9-5

接到产品设计需求，动手设计之前，还是要对产品有个全局性的了解的。通常从以下两个维度进行分析：产品分类、竞品概况。

产品分类： 这个很好理解，你做的产品大方向是属于金融类、教育类或是工具类等。产品分类在一定程度上会影响设计师对整体视觉设计风格的判断。

竞品概况： 对竞品概况的分析有更专业完善的分析方法，而且也不是我们设计师应该负责的主要模块，那是产品经理、运营人员等相关人员需要做的事情。作为 UI 设计师，我们需要对比分析的是竞品设计层面的内容。通常来说可以在两个维度上考虑：主流竞品、竞争优势。

● 主流竞品：在当前市场下，已经有做得不错或者很好的同类产品了，这时你可以参考分析下它们在设计层面上有哪些亮点，包括视觉风格、交互体验、运营视觉等，然后结合自家产品设计需求和市场策略，去进行设计工作。注意是主流竞品，不要找一些"犄角旮旯"的产品去参考，那没有参考价值和意义。

- 竞品优势：一般来说，如果自家产品没有区别于市场已有的同类主流竞品的闪光点，即使推广出去也很难从竞品手中抢过用户。

除非在推广初期大量烧钱大力优惠，但是一旦有区别于其他竞品的优势，那在做设计时就可以有意识地突出放大优势，包括运营视觉的设计，比如 Banner、推送专题，产品内的体现位置等。

图 9-6 所示是为一家券商公司一款产品的首页分析过程。红字部分是简略思考过程，了解一下大概情况就可以了。

图 9-6

（2）Why

Why 是需求目标（重点内容，必须弄清），如图 9-7 所示。

需求目标指的是我们本次的设计需求在产品层面上要解决的问题。

这个才是我们最应该弄清楚的重点，因为多数情况下，作为设计

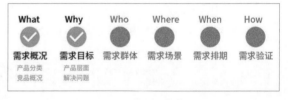

图 9-7

师，接到的设计需求往往都是针对设计层面的描述：要做一个 XX 页面，有这些 XX 功能，你用色布局可以更大胆些……

这就导致东西做完了，拿去给决策者看时会被退回反复改稿，排除一部分视觉设计水平的问题，更多时候是因为你没考虑到决策者从市场运营角度考虑的事情，做这个东西是要促使用户消费的，是要吸引用户流量的，但通常我们只是从设计角度去考虑了问题。

我们接到的某些设计需求类似于设计视觉界面：做这个界面是为了增加某些功能入口的流量，还是为了引导用户能在该页面上进行二次消费？

如果为了增加功能入口的流量，设计界面时，可以在不破坏页面布局的前提下，将这些功能入口优先放到用户浏览顺序的靠前位置，或者屏幕功能操作热区的主要位置。

如果为了引导用户进行二次消费，设计界面时可以尝试进行引导消费式的设计，如通过优惠券、红包弹窗等形式去诱导用户进行二次消费。

很多需求都是产品运营层面的问题，但到了设计师这里就简单地成了"设计个界面"。关于产品

运营层面的问题，依旧要去找 PM 或相关人员聊一聊，不要闷着头，屁股钉在工位上不动弹。

曾经，总监常给笔者所在的设计部说的一句话是：你除了在座位上做设计，其余时间要 3 个月跑坏一双鞋。由此可见，沟通的过程其实相比于实际动手设计的时间占比应该更大。

（3）Who

Who 是需求群体（快速了解、简单分析），如图 9-8 所示。

图 9-8

做的东西终究还是给其他人用的，连给什么样的人用都不清楚，很难说做的设计能留存用户，保持用户黏度。

近几年，在设计流程中对用户群体研究的占比越来越重，如情绪板、用户画像等都是用于精确分析产品用户的特征、行为习惯的。下面可以简单地从两个维度理解一下用户群体。

年龄范围： 年龄范围决定了用户对设计的接受能力。

性别比例： 性别比例很大程度影响了产品视觉风格的走向。

某些特定用户群体的产品，如聚美优品、美丽说、小红书这类购物 App，它们的女性用户群体比例要比男性群体的比例多得多，主要消费者也集中于年轻白领女性群体。

负责这种具有特定用户群体的产品 UI 设计时，就要考虑是不是要更侧重于女性偏爱的一些色彩和风格，包括你的产品整体视觉风格，如图 9-9 所示。

图 9-9

（4）Where

Where 是需求场景（快速了解、简单分析），如图 9-10 所示。

很多设计师在设计过程中听过这样的话：要从用户的使用需求场景去考虑怎么设计。他们虽然经常听到这样的要求，但还真没仔细考虑过什么是用户的使用需求场景。

图 9-10

对于需求场景，建议从 3 个维度考虑：产品端、用户心理端、外部环境端。

产品端： 产品端就是用户在产品中要满足自身需求，该需求的起止过程。举个例子，在京东上买个耳机，那满足买耳机需求的过程如下：

打开京东→在首页搜耳机→进入商品列表→查看商品详情→加入购物车→付款购买。

这个产品端的使用场景决定了设计的界面数量、界面跳转逻辑等。另外每个流程的权重不同，首页肯定和信息列表不是一个量级，这也部分决定了在设计对应界面时视觉表现力的轻重区别。

用户心理端：这涉及用户心理状态，用户满足需求时的心理状态是平静、喜悦、焦虑。

比如手机网络状态不好，设计的含有表情形象的占位图居然还是笑嘻嘻的样子，但这明显不符合用户当时所处的心理状态。

在正面状态下，可以尝试多做一些内容：比如在情人节去西餐厅吃饭的情景下，用户付款后我们完全可以在支付信息下方给他推广一些酒店优惠信息。

外部环境端：外部环境因素比较复杂，因为涉及的真实生活场景千变万化。

使用产品时的地理因素：拥挤嘈杂的地铁、安静的室内。

使用产品时的明暗因素：室外强光下使用、夜晚弱光下使用。

使用产品时的操作因素：单手操作、双手操作。

面对不同环境处理的方式也不尽相同，要求掌握的知识可能更多。

举个例子，如果考虑用户单双手操作的场景问题，那需要用到的知识就是手机交互操作热区，尽量把重要功能入口放在交互热区的重叠区域。

这影响着我们产品设计的页面功能布局，如图 9-11 所示。

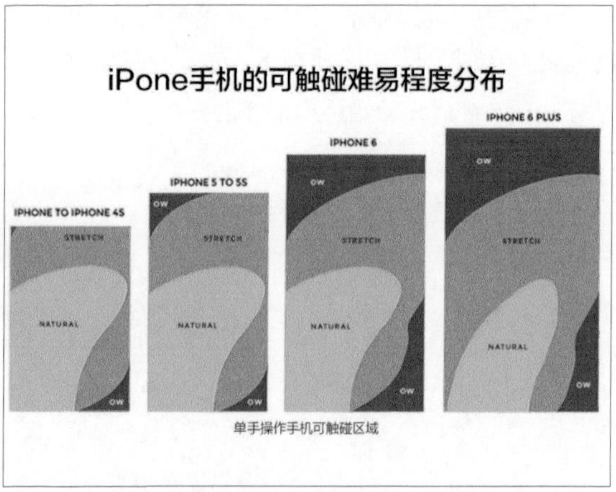

对于强光、弱光这种明暗环境的场景问题，强光影响的是我们的设计在强光下的信息辨识度，比如某些次级文字信息在强光下是否还具有可读性。

弱光影响了我们的设计在阴暗环境下的使用舒适度，这也是部分 App 有夜间模式的原因。

图 9-11

（5）When

When 是需求排期（工作技巧、Kano 模型），如图 9-12 所示。

记住你是产品的共同策划者之一，不是说需求发下来我们就要去做，很多不专业的 PM、异想天开

图 9-12

的市场人员会提出一些"不可理喻"的需求，这些需求很多都是无差异属性和反向属性的，因为这是他们进行试错的过程，但是试错需要的工作内容却需要设计师去承担完成。

当然这种分析式的理论方法目的就是为了让设计师锻炼一下思维方式，把眼界从专注于设计稿提升到整个产品层面。

9.2 竞品分析

某天，老板给 PM 一个需求：用户觉得登录 / 注册步骤太烦琐，并且没特色。产品经理可能会根据目标用户或者产品定位，选出几个 App 供给交互 / 视觉设计师参考，并交代清楚需求。交互设计师会对所有相关 App 进行对比，取其精华，去其糟粕，从而得到合适的最优方案交给视觉设计师。

视觉设计师在得到相应需求和原型后，同样要做竞品分析，只是他们更关注视觉方面，比如某个 App 的按钮为什么选择大圆角的，是否大圆角也适合我们呢？

以上这个例子，看似是产品经理在引导我们去做竞品分析，实际上，这并不需要某个角色去刻意引导我们。每个人、每个角色（包括开发人员和测试人员）都可以做竞品分析，并且很值得去做。简单来说，这就是一个互联网人要有的产品思维。

1. 什么是竞品分析

竞品分析（Competitive Analysis）一词最早源于经济学领域，是指对现有的或潜在的竞争产品的优势和劣势进行分析，随着互联网的火热，现在被广泛应用于互联网产品的立项筹备阶段。通过严谨高效的竞品分析，可以让产品团队把握自家产品的需求，对市场态势有更加清晰的认知，做到知彼知己。

真正有用的竞品分析并不是说简单地找几个类似的产品，罗列几个功能，说几个优缺点就完了。更为重要的是其中对比不同的文案撰写逻辑、对比分析方法论，最重要的是分析后所得到的解决思路。得到可以落地的策略，才是竞品分析的意义所在。

2. 竞品分析的目的是什么

做竞品分析之前，一定要明确你的目的是什么，到底需要分析什么。只有先把目的搞清楚，才知道应该重点分析什么。其次，目的决定了我们分析的侧重点是大而全，还是窄而深。当分析重心放在面上的时候，就很难突出重点，同理，大而全则很难兼顾窄而深。

简而言之，带着目的去分析，会让你分析的效率更高，也会让分析变得更有价值。

（1）功能借鉴

如果某个核心功能想要借鉴目前有着类似功能并且已经成功 / 成熟的产品的特色，那么我们可以重点关注下产品功能，比对一些需求场景、业务流程、交互体验、UI 页面等。

（2）产品动向

如果你要重点研究对方可能接下来会做些什么事，可以重点关注业务形态、产品的数据表现、功能迭代、运营方式及销售渠道等。

（3）盈利模式

盈利模式其实是很多初创公司都会遇到的问题。公司经营多年，迟迟没有盈利，入不敷出，这时我们就可以去分析同行产品的形态、业务逻辑、运营方式和销售渠道等。

（4）了解行业

如果你对于一个领域还没什么了解（如刚跨行新入职的"小白"），只是想要通过对几款产品的深度研究更好地了解这个领域的产品，那你可能需要进行一个完整的横向对比，但在此基础上仍然需要有侧重点，比如想知道这个行业到底是处于发展期、成长期还是衰退期，或是想了解这个行业赛道上的资本青睐度等。

（5）产品潜力

如果你要看看两款或几款产品中哪一款更有前途，更有潜力，或者生命力更强，那可以重点看一看行业现状、市场前景、产品形态、数据表现、功能迭代、运营方式等。

当然，以上都是举例，分析目的肯定远不止这些。希望大家通过这些例子，了解到明确竞品分析目的的重要性，切忌沦为套模板。在确认好目标后，我们就可以从市场、产品、体验 3 个角度展开分析。

3. 如何去做竞品分析

了解了什么是竞品分析，明确了竞品分析的目的，就可以正式开始竞品分析了。可分为 4 个步骤。

（1）市场分析

在市场分析这个纬度，我们主要分析行业背景、市场规模以及整个行业的发展趋势。然后，归纳出行业目前面临的风险，以及可采取的相关对策。另外，了解整个市场下的用户规模或特征，可为后期选择竞品指引方向，如图 9-13 所示。

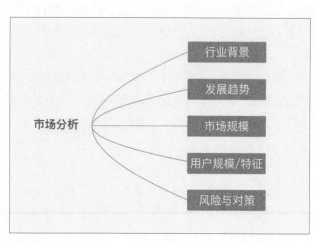

图 9-13

如何获取以上这些信息呢？常用的方法是通过行业报告、行业白皮书等获取。比如，艾瑞咨询、易观千帆、极光大数据、亿欧智库及 199IT 网等权威网站发布的一些行业报告都极具参考价值。

除此之外，还可以逛一逛垂直行业的相关网站，比如宠物行业的狗民网、电商行业的网经社，以及一些行业论坛等。而且百度文库里也有很多分析报告（时效性不是很强，不过作为参考还可以）。简而言之，多查询，多分析。

（2）选择竞品

选择竞品的具体流程如图 9-14 所示。

图 9-14

① 收集竞品。

首先得收集竞品，那么收集的渠道有哪些呢？

应用市场搜索、排行榜：通过 App Store、安卓应用市场搜索，这个比较司空见惯了。

另外，还推荐七麦数据和酷传。根据所输入关键词，系统会自动提供一部分竞品。在七麦数据中输入关键词"拼多多"后的搜索结果如图 9-15 所示。

图 9-15

行业报告：推荐艾瑞咨询、极光大数据、易观千帆、亿欧智库等，如图 9-16 所示。

图 9-16

其他的方法：问朋友、多和相关行业人沟通；逛逛行业论坛，浏览相关文章，如 36 氪和虎嗅上的文章有很多前瞻性还比较好的；还有企查查和天眼查，相应公司后面也会有个竞品推荐，但是目测算法不太精准，大致看看就好。

② 确定竞品。

判断是否属于竞品，主要看 3 个方面：相似的市场、相似的产品功能以及相似的用户群体。如果三者同时满足，则可称之为直接竞品。满足其一或者其二，则为间接竞品或潜在竞品。

例如：如今的抖音与微视、当年的新浪微博与腾讯微博之间的关系都是直接竞品。而美团和高德因和滴滴都有着相似的用户群体（见图 9-17），都属于滴滴的潜在竞品。而当年美团推出打车，高德推出顺风车，在网约车领域，明显给行业巨头滴滴增加了不少压力。

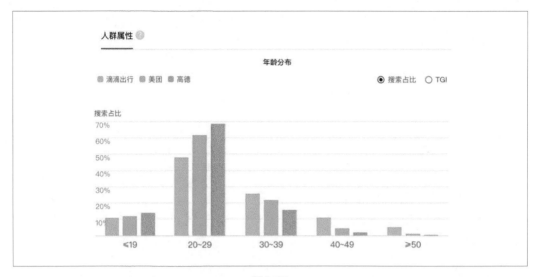

图 9-17

至于最后到底是选直接竞品还是潜在竞品，就要看你做这个竞品分析的目的了。如果想做比较全面的研究报告，多数情况下优先选择直接竞品。如果侧重点比较明显，也可根据具体针对的点选择潜在竞品。

（3）产品分析

在收集、整理完关于行业、市场等的资料后，根据自己的目的确认了要分析的竞品（2~3 个），接下来就可以做产品之间的分析了，如图9-18 所示。下面简要分析几个方面。

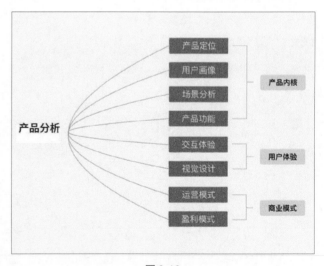

图 9-18

① 产品定位。

想要在某个赛道中杀出一条血路，产品肯定要做差异化。这个差异化一般体现在产品定位、用户定位上。

关于竞品的产品定位，可以去看它官网，还有个最通用的方法是上百度百科查一查，也可以参考各大平台最新的行业研究报告等。过程不重要，结果是好的就行。图 9-19 所示是短视频赛道上的 3 个头部玩家——抖音、微视、快手产品的定位。

名称	产品定位	Slogan
抖音	隶属字节跳动旗下,专注于年轻人音乐短视频平台。	记录美好生活
快手	用户记录和分享生产、生活短视频社区平台。	记录世界,记录你
微视	隶属腾讯旗下,短视频创作与分享平台。	发现更有趣

图 9-19

抖音、微视、快手虽然都是短视频赛道中的产品,但是产品定位还是有所区别的。

抖音: 一个专注于年轻人的音乐短视频社区,目标定位于一二线年轻人,坚持"时尚、潮流"的定位,打造 15 秒的音乐短视频社交。

微视: 直接对标抖音,基于腾讯开放关系链的 8 秒短视频分享社区。用户通过微信和 QQ 账号一键登录,可将拍摄的短视频同步分享到微信好友、朋友圈、QQ 好友和 QQ 空间。

快手: 用户记录和分享生产、生活的短视频社区平台。比起前两者的潮和年轻化的定位,快手面向用户人群更广泛,创作的内容和主体也更贴近普通人生活。

由以上内容,整理出如图 9-20 所示的结论。

名称	产品定位
抖音	潮流、年轻化、观赏性和视频质量高。
快手	真实社交、记录生活、贴近生活。
微视	对标抖音,视频时长更短,可快速分享至微信、QQ两大平台。

图 9-20

三大产品的用户定位差异化如图 9-21 所示。

名称	用户定位
抖音	都市白领、时尚青年
快手	农民、普通青年、中年人群
微视	参考抖音

图 9-21

三大产品的用户定位差异化：抖音，年轻与潮流，重"内容"；快手，真实接地气，重"人"；微视，重"引流"，抢占两者市场。

②视觉设计。

我们依然以抖音、微视、快手为例，讲一讲如何进行视觉设计的分析，先来看三者的 Logo 设计对比，如图 9-22 所示。

图 9-22

抖音： Logo 将品牌名称首字母"d"与五线谱中的音符元素融为一体，并通过故障艺术手法体现出了"抖动"的动感姿态，再配以黑色的底色，给人一种很炫酷的感觉。

微视： 底色以渐变色蓝红搭配中间形似"播放"的标识，传达出一种新潮的感觉。但是渐变色色调丰富，容易引起视觉疲劳，这样的设计相对更加小众，不过也符合它新潮炫酷的产品定位。

快手： 以橙色为主色，加上很好识别的"摄像机"标识，给人清晰地传达出快手是一款视频软件的信息。其次，纯色搭配，简洁明晰的设计理念更符合前几年流行的 App 设计搭配，相对也没有后期 App 的更加闪亮炫酷。

接下来对比一下三者的页面，选择页面如图 9-23 所示。

图 9-23

进行对比分析，如图 9-24 所示。

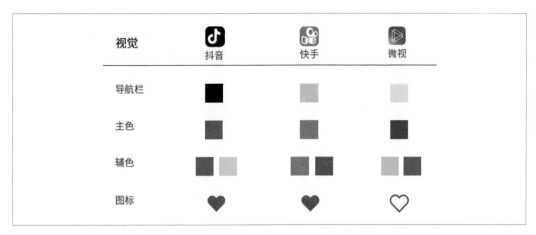

图 9-24

整体来说，三者的视觉设计都做得还不错，因为前期产品定位的缘故，快手在三者中视觉设计偏简单，不像抖音和微视高大上。而微视与抖音相比，很明显的是微视在动效方面比抖音用心很多；在图标设计上面，给人的感觉也更加精致、统一。

③商业模式。

商业模式是一个非常宽泛的概念，通常我们所说的与商业模式有关的说法很多，包括运营模式、盈利模式、B2B 模式、B2C 模式、"鼠标加水泥"模式、广告收益模式等，不一而足。商业模式是一种简化的商业逻辑。用最直白的话说，商业模式就是公司通过什么途径或方式来赚钱。

仍然以抖音、微视、快手为例，简单分析三者在运营模式和盈利模式上的差异。

运营模式如图9-25所示。

名称	运营模式	案例
抖音	1.明星艺人、"大V"入驻 2.赞助主流娱乐综艺节目 3.高校机构活动等 4.微博、微信公号营销号，热搜 5.央视节目宣传 6.用户展开日常对话互动 7.隔5-10天转发抽奖，周报热点	杨洋、迪丽热巴等 《快乐大本营》芒果台综艺节目 #抖音校园新唱将#等 #活力周榜#、#一周精选榜单# 央企、航天、核电、航海等 头条学院、综艺、 明星，标题榜
快手	1.明星入驻 2.赞助综艺 3.主办活动 4.转发送电影票	柳岩、大鹏、岳云鹏等 《奔跑吧》《奇葩说》等 #快手和100个故乡#等 《刺客信条》等电影
微视	1.明星艺人、"大V"入驻 2.与央视合作 3.赞助综艺 4.腾讯产品引流	黄子韬、李易峰、蔡徐坤 元宵节、中秋节晚会发红包 《吐槽大会》等 QQ热点、天天快报

图 9-25

盈利模式如图 9-26
所示。

名称	盈利模式
抖音	1.开屏、信息流广告 2.快闪店、电商抽成（10%～20%） 3.直播打赏抽成（50%～60%）
快手	1.开屏、信息流广告 2.快手店、电商抽成（15%～28%） 3.直播打赏抽成（50%～60%）
微视	广告引流（如王者荣耀）

图 9-26

由以上对比可知，抖音在运营方面可谓下足了功夫，一路高歌猛进，短时间内起势。相对来说，快手的运营较佛系，尤其是前期，几乎是没有运营（CEO 宿华：没有明星导向，不捧红人，做一只"隐形"的手），2017 年感受到了来自抖音的压力，才开始正式发力开始做宣传运营。

微视除了靠腾讯引流，最明智的举措就是与央视大型晚会进行了合作。不过，抖音从侧面切入，与 25 家央企达成合作，使它们顺利入驻抖音。

在盈利模式方面，快手和抖音的盈利模式几乎一样，只是快手更依赖主播的直播打赏，而抖音更依赖信息流广告。微视在盈利模式上，对比前两者显得有点滞后，应该尚在找寻中，目前就算接广告也只接腾讯旗下产品的广告。除此之外，电商变现也正在孵化中。

（4）分析结论

最后一个步骤是从以上所分析的内容中得到有利于我们产品的策略或方法，包括发展战略、营销策略、迭代策略等。

分析的方法论有很多种，最常用的是 SWOT 分析法，S（Strengths）是优势，W（Weaknesses）是劣势，O（Opportunities）是机会，T（Threats）是威胁。

此外还有 4P/4C 理论、PEST 理论（常用来分析宏观环境）、波特五力模型、波士顿矩阵（又叫四象限分析法）等。不同的方法有不同的使用场景和不一样的作用。以百度地图为例，使用 SWOT 分析法，如图 9-27 所示。

以抖音为例，针对其他两款竞品进行 SWOT 分析，如图 9-28 所示。

图 9-27

通过分析，得到 4 个发展战略。

SO 战略：利用强力的智能算法，以及有效的运营模式优势，提高内容的质量，在短视频这个风口下，快速占领用户群，抢占市场份额。利用当下庞大的用户量，提高产品本身在短视频领域的市场竞争力。利用母公司本身的资金支持，加大运营力度，对产品的设计、运营及 UGC、PGC 等内容的质量进行提升。利用目前广告商的青睐，不断尝试商业化变现方式。

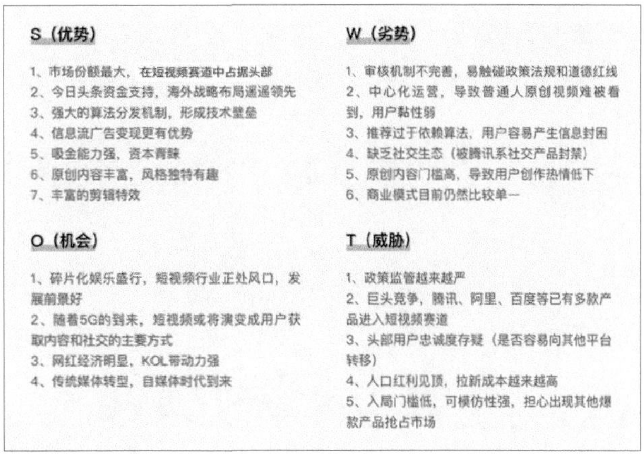

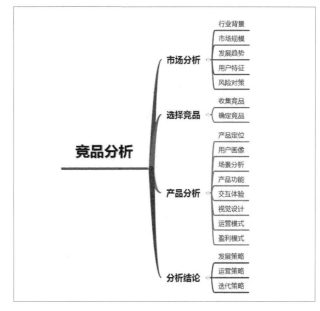

图 9-28

WO 战略：在短视频市场中，优化自身的智能推荐算法，优化用户的生命周期管理，建立用户的防流失机制，提高产品竞争力。

建立更加贴近用户的运营架构，优化自身产品短视频流量的分发机制。加强 PGC 运营，建立平台，并尝试 PGC 作者及广告商的商业化运作。激励更多普通人创造内容，沉淀社交关系。

ST 战略：利用技术算法优势、运营优势，继续增强产品竞争力，从功能、运营方式等建立自己的核心优势，抢占市场份额，增强产品对终端用户的影响力，给腾讯和阿里系同赛道产品制造压力。

研发算法审核机制，规避政策风险。利用自身的技术运营等优势，抢占大量的市场份额。

WT 战略：优化推荐算法，提高用户黏度，建立技术壁垒。

做市场下沉，抢夺三四五线城镇用户。联合多流量平台，实行异业联盟政策，增强在终端的影响力。完善质量把控机制，防范有关政策风险。

总结如下。

带着问题去做研究，从市场分析、选择竞品、产品分析、分析结论等 4 个方面出发，才能举一反三，做出有价值的东西，如图 9-29 所示。

图 9-29

练习题

找两款同类 App 产品，使用一到两种分析法来进行竞品分析。

教学视频扫码看

9.3 作品集视频制作

作为设计师，在面试中只有一份简洁而实用的简历还是不够的。简历只能介绍我们的一些基本信息与过往相关的工作经历，它是进入一家企业面试的通行证，但是能不能留下来，其实还是要看设计师的真本事。这个时候什么表现形式可以使面试官眼前一亮呢，没错，就是作品集视频！

我曾经不止一次听过在互联网圈子里创业的朋友们向我抱怨："现在的设计师真的是越来越浮躁了，连自己的作品集都不包装就来面试。"其实，那种不用包装而顺利进入一线互联网企业的设计师大有人在，但是他们是已经在这个圈子里待了太久的人，出去找工作基本上全是内推或朋友介绍，这个阶段基本上可以不用作品集就能找到一份相当体面的工作。而对于第一次踏入互联网的新人来说，没有任何关系渠道，也没有任何人引荐，还是老老实实地靠自己的作品集来征服面试官吧。

9.3.1 After Effects 视频开场

最终效果，如图 9-30 所示。

图 9-30

步骤 01：首先新建一个合成，合成参数设置如下，如图9-31所示。

宽度：1920px。

高度：1080px。

帧速率：25 帧 / 秒。

持续时间：0:00:10:00。

背景颜色：#000000。

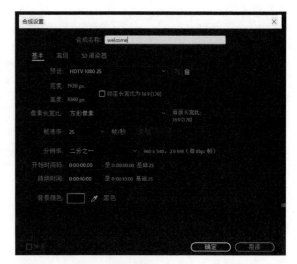

图 9-31

步骤 02：按快捷键 Ctrl+T 打开文本功能，输入"YSJ"，设置字体为 AE Armada，调整字符和段落参数（段落一般在右下角，没有的话可以打开窗口激活）设置字符大小为 120 px，段落为居中，对齐为垂直居中。

选中左下角图层"YSJ"，右击，选择"预合成"，将文本创建为预合成，如图 9-32 所示。

图 9-32

步骤 03：执行"图层"→"新建"→"纯色"命令，新建空对象图层，然后执行"效果"→"杂色和颗粒"→"分形杂色"命令（没有的话请安装 After Effects CC 2018，简称 AE），调整噪波参数，设置杂色类型为块，对比度为 200，亮度为 -20，在"变换"中取消勾选"统一缩放"，设置缩放宽度为 4000，缩放高度为 750，单击"演化"旁边的秒表按钮，如图 9-33 所示。

图 9-33

步骤 04：按住 Alt 键单击合成中的"演化"（选中黑色层，按 U 键即可快速打开），输入代码"time*3000"，按空格键即可查看效果。

步骤 05：首先隐藏黑色图层，然后选择"图层"→"新建"→"调整图层"。

图 9-34

选中调整图层，执行"效果"→"扭曲"→"置换图"命令，调整置换图参数，设置置换图层为黑色纯色、效果和蒙层，最大水平置换为 80，最大垂直置换为 10，如图 9-34 所示。

需要将故障效果的调整图层时间缩短，在一秒的时候按 N 键。

选中调整图层（快捷键为 Ctrl+Shift+D），将时间轴往后移动 5 帧，继续选中（快捷键为 Ctrl+Shift+D），删掉第一个和第三个调整图层，即可做出最基础的故障效果。

步骤 06：选中文字层，按快捷键 Ctrl+D 3 次，将图层命名为"RED BLUE"。选中 3 个复制出的图层，执行"效果"→"生成"→"填充"命令，添加填充效果，分别填充 #FF0000、#0024FF、#1EFF00。接着把图层叠加模式改为"屏幕"（没有请按 F4 键）。最后将文本层的不透明度改为 25%，选中 RED 层，按 P 键，在如图 9-35 所示位置戳个点，往前推几帧，调整 RED 的位置，上下左右随便移动 6 个像素左右就行，推到最后一帧，回到原位置即可。

图 9-35

9.3.2 Premiere 剪辑输出

步骤 01：打开软件，新建项目。

①填写项目名称；

②选择项目保存位置，建议建一个用于存放视频项目的文件夹；

③其他的可以不用改动，单击"确定"按钮，如图 9-36 所示。

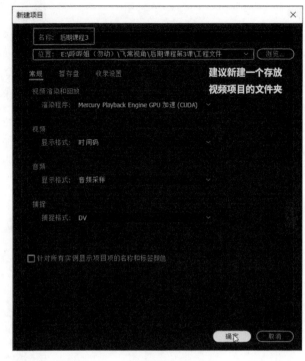

图 9-36

进入面板。

①按快捷键 Ctrl+N 新建一个序列；

②单击"设置"选项栏，编辑模式选择"自定义"；

③帧速率笔者一般习惯用 23.976 帧 / 秒，也有的人喜欢用 24、25 或 30 帧 / 秒；

④帧大小也就是分辨率，通常设置为 1920×1080；

⑤像素长宽比选择"方形像素（1.0）"，场序选择"无场（逐行扫描）"；

⑥写上序列名称，其他的可以暂时先不研究，如图 9-37 所示。

图 9-37

步骤 02：将素材导入 Premiere（简称 PR）。

在"项目"面板内的空白处右击，导入素材，或者直接将素材选中并拖入"项目"面板，如果选择一个文件夹，直接拖入项目面板，它会生成一个素材箱，如图 9-38 所示。

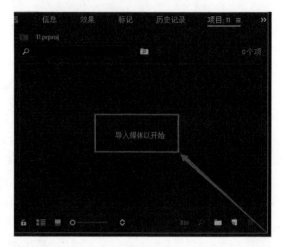

图 9-38

也可以单击右下角的图标，新建一个素材箱，素材箱便于对素材进行整理和归类，如图 9-39 所示。

除了视频和音频可以导入 PR 之外，图片和 GIF 格式的动图都可以导入 PR 进行编辑。

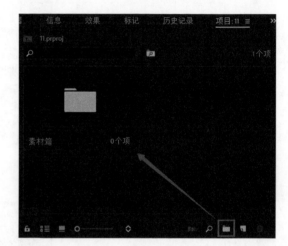

图 9-39

步骤 03：将素材拖入时间轴。

剪辑工作需要在时间轴里面进行。

①先在素材上按住鼠标左键不放，拖至时间轴的空白处松开就可以了（时间轴上有两个蓝条，上面的轨道是视频，下面的轨道是音频）；

②如果你觉得拖入整条素材太长，也可以先截选片段，在视频画面上按住鼠标左键不放，将截选的片段拖到时间轴上；

③拖入时间轴后如果出现"剪辑不匹配警告"的提示，单击"保持现有设置"，然后右键单击素材，选择"缩放为帧大小"就可以了，如图 9-40 所示。

图 9-40

步骤 04：剪辑。

剪辑的主要工具是第六个工具——剃刀，单击一下，可以进行视频的剪断，不用时间线的定位，然后按 Delete 键进行删除处理，如图 9-41 所示。

完成整个视频的制作以后，我们就可以进行输出操作。

图 9-41

步骤 05：渲染输出。

①在"文件"中选择"导出"，选择"媒体"，弹出导出设置面板；

②格式一般选择 H.264，预设选择"匹配源 - 高比特率"；

③设置文件保存位置和文件名。

其他的参数可以不用改动，对于一般的用户来说这样的设置就够用了，最后单击"导出"按钮就完成了。

以上内容是笔者为大家总结整理的 PR 剪辑的基本流程，它不是最全面的，但如果你掌握了前面所说的这些内容，简单地剪辑一个视频几乎没有什么问题了。

9.4 建立作品集

从用人的角度来看，查看作品集是为了能够更好地了解设计师的能力水平。在现今竞争激烈的互联网设计行业中，作品集是能引起面试官注意的至关重要因素。

那么如何证明设计师的水平呢？在踏入互联网行业的初期，我们一没关系，二没声望，难道我们面试的时候每次都需要尴尬地打开电脑，从文件夹中翻出一些零零碎碎的页面让 HR 去看吗？不！作为一名有条理而且带着丰满理想的设计师，我们绝对不会允许自己这样做。

我们需要一部作品集，一部包含着几十张页面且能够完美展示出我们最佳水平的作品合集。对作品集的包装并非培训机构的专利，凡是对于设计行业有一丝敬畏或者尊重的设计师，我想都会去用心做一份代表自己水平的作品集。

那么，作为一名有条理的设计师应该如何包装自己的作品集呢？我们需要将自己曾经的作品全部拿出来逐一筛选，要求在有限的页面里放置能够充分展示我们实力的作品，而且还要保证单个作品的独立性与作品集整体的一致性。我们需要对筛选出的优秀作品通过设计软件加以合理的排版与修饰，然后再将成品页面归纳进比例大小为 16：9 的 Keynote 画布里。

9.4.1 面试技巧

你到一个公司面试，出于礼貌，面试官都会和你聊聊，但有没有机会进行下一轮面试和聊天，UI 设计能力是起决定作用的，这是在这个行业内最基本的能力。

图 9-42

无论是主管、高级 UI 设计师还是资深 UI 设计师，UI 设计能力都是必须要考察的能力，对 UI 设计能力的考察，依据级别和岗位，要求有所不同，比如普通的 UI 设计师，要求能设计比较精致的 Web UI、App UI、icon、插画等。这几个方面，最好都会，并且其中有一项是特长，如图 9-42 所示。

这样进入公司后，才能有机会负责起某个细分需求的设计，否则，即使进入公司，也不会得到重用。如果你没能进入第二轮面试或者根本没有机会进入面试，那么毫无疑问，你的 UI 设计能力和这个招聘岗位的要求是有差距的，专业设计能力不是全部，但是基础中的基础，是获得职位和面试的敲门砖。

所以当你面试普通 UI 设计师的时候，当某个负责人委婉地告诉你回去等消息，而你没有收到第二轮面试通知的时候，不要想是不是沟通不对、问题没回答好。这些都不是核心原因，核心原因就是设计能力不过关。

大部分的公司都会从以下几个方面来问你一些设计基础问题。

1. 基础设计能力考察

（1）**色彩搭配理论**　如什么是暖色、冷色、前进色、后退色、什么颜色代表什么意思。又如电子商务网站配什么色好，为什么。

（2）**造型和构图理论**　比如透视、变形的简单原理等。

（3）**CSS 和 HTML 方面**　基本的盒模型、几种常见的布局方式、IE6 常见的 bug 等。

（4）考察你的 UI 设计作品 作品是面试当中的重头戏，首先要从量上给面试官一个不错的答案，别拿两三个作品就去忽悠人，让人感觉你不重视这次面试。另外，要对作品有自己的认识，在介绍相关作品时要发表自己的一点看法。

这一点在初级的 UI 设计师的面试过程当中是很重要的一环。可以介绍你做过哪些 UI 设计项目，是如何设计的，其中你运用了哪些设计技巧等。

2. 思维能力

对于普通的 UI 设计师而言，只要把第一点做好就可以了，哪怕有些小毛病，比如懒散、激情不够、有脾气，都可以容忍，毕竟，公司只要求你做好设计。如果你做到了高级 UI 设计师或者资深 UI 设计师，那么思维能力就很重要了，没有良好的思维能力的设计师，是很难做到高级或资深设计师的。那么什么是很好的思维能力呢？

比如领导告诉你，公司接下来有个生鲜电商的项目，你去做下初版的 demo 设计！如果你能把这句话抽象成完整的原型、交互、设计稿，做出效果图，那么就差不多有一定的思维能力了，但思维的高度和正确与否，要由你的效果图决定的。思维能力越好，就越容易把抽象的问题具体化。

所以高级设计师常常都是告诉你做什么，而高级设计师接到的需求常常是一句话、一个方向！

把一句话、一个方向通过缜密的思维具象成要做的事，这就是高级设计师经常做的事。

3. 自我主动学习能力

每个人都有一定的学习能力，但学习能力强和弱的差别在哪里？你自己测试下。

初级学习能力：在 PS 或 AI 里遇到问题可以自行查阅资料解决。

中级学习能力：有一个任务，知道方向，可以自行学习解决。比如你现在什么都不会，领导要求你明天中午之前用 3ds Max 出一个公司食堂的 3D 效果设计图。

高级学习能力：有一个目标，能够摸索出达到目标的方法，找到实现每个方法的手段。比如领导要求你明天做一个购物的 App 出来，你就能想到要做 App，要先学会设计，再学会程序编码，那么要学会设计，得先学会 UI，要学会编码，要先学会数据结构，那么要学会 UI 设计，需要先学会 PS、AI……如果你能把一个目标分解成无数个细小的任务，并且能自己学习搞定，最终你真正地自己做出一个 App，在 App Store 中上架了，那么能够证明你有很好的学习能力了。

以上的例子比较极端，但事实上，很多人认为自己会学习，其实，只是查个资料，解决个问题，别人告诉你怎么做，你依葫芦画瓢，这不叫学习能力，或者只能叫很基本的学习能力，如图 9-43 所示。

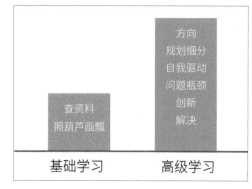

图 9-43

4. 沟通能力

如果你有幸做到主管、总监，那么恭喜你，沟通能力将是你接下来最需要提升的能力。让别人舒服，让别人愿意为你做事，协调好有争议的事等都需要沟通来解决。

除以上外，越高级的 UI 设计师，需要的能力越复杂，其他的还包括项目管理能力、团队建设能力、行业分析能力等。

以上说的 4 个需求点是硬需求，企业招聘的时候还有很多软性的需求，比如所学专业为设计和计算机相关专业，有硕士或博士学历、获得过红点奖、获过专利等，都可以成为你的加分项，但记住，不是核心决定项。

9.4.2 个人作品集

企业招聘一个设计岗位，往往能收到几百份简历，因此投递作品集后，被筛选掉也是很正常的事情。但如果投了很多个岗位后，依然没有动静，甚至连面试电话都没接到，其实这个时候，就不建议再继续投新的岗位了，因此每投一次新岗位，就等于浪费了一次新的机会。因此这时更需要自我思考一下，总结是否自己作品集哪里出了问题，最关键的是，自己精心制作的作品集是否有资本能在几十封甚至几百封简历作品集里脱颖而出。

1. 作品集的包装方法

（1）封面

首先，在展示我们作品集的时候，我们需要一个封面，封面无须过多的设计符号去修饰，但是它会留给面试官第一印象，而且也是我们作品集的门面，我们必须慎重对待它。一般情况下，封面上写上"作品集""个人作品"等字样，再添加你的工作经验与辅助的一些装饰性字体就可以了。对于作品的排版，我们可以多去 Behance、Dribbble、站酷、UI 中国等设计网站上去寻找灵感，如图9-44 所示。

图 9-44

（2）相关简介

在我们的作品集中还可以放一张简易的个人介绍，包括姓名、联系方式、教育经历、个人相关简介、擅长的设计软件和装饰性文字，如图 9-45 所示。

图 9-45

（3）小图标

在作品集里放置一套曾经原创的小图标，小图标数量在 25 个左右，小图标是用户界面中具有明确指代含义的图形符号。它源自于生活中的各种图形标识，是触摸设备中元素图形化的重要组成部分。在作品集里面放置小图标考验了设计师对图形认知度与差异性的理解，如图 9-46 所示。

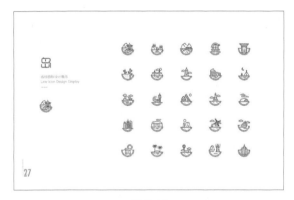

图 9-46

（4）主题图标

很多人都不理解主题图标，感觉 UI 设计师成天就是画一些没用的主题图标，外行甚至说设计师是画图标的美工，只有培训班才会画主题图标。

其实主题图标看起来很容易画，但是实际操作起来并非是一件易事。一般情况下，画一个主题图标难度很小，但是如果你要画一套主题图标，就考验到设计师对颜色、造型、一致性的把控能力了，否则你将很难让主题达到高度统一，如图 9-47 所示。

图 9-47

（5）原型图 & 低保真

具有产品思维对于一名 UI 设计师来说显得尤为重要，很多创业型公司并没有设立专门的交互设计师完成交互方面的相关工作，这时候 UI 设计师在创业型公司里可以说需要身兼视觉设计师与交互设计师两份职责。

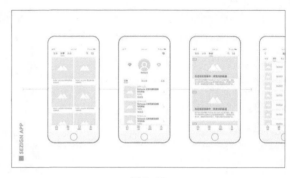

图 9-48

不懂产品的视觉设计师不是好的 UI 设计师，因为不具备产品思维，虽然作品都非常漂亮规范，但是很多设计师并不清楚自己的产品在做什么，甚至解释不清楚自己为什么要这样设计。为了表现出我们所具有的良好交互逻辑和清晰的设计思路，这时候我们必须要在作品集里面体现出来，如图 9-48 所示。

（6）产品图标展示

在展示我们的产品之前，我们尽量用布尔运算绘出我们的图标设计思路。产品图标要易于应用，这样才能更易于传播。为了让 HR 更信服我们产品图标背后的制作过程，产品图标展示线稿想必是阐述图标背后故事的最佳方式，如图 9-49 所示。

图 9-49

（7）产品界面展示

包装作品的时候不要全都平铺，可以适当地放一些手机模板，国外一些分享的 free spud 模板可以增加视觉层次，丰富包装内容。但是，千万不要有太多斜着展示的模板，毕竟 HR 主要看的是你的界面设计，如果你给的都是很花哨的手机展示样式，其实对于包装作品来说有种本末倒置的感觉，而且还会给面试官一种非常不好的体验，如图 9-50 所示。

图 9-50

（8）设计规范

设计规范可能是很多设计师都不太重视的一个部分，设计规范是对控件间距、适配、文字大小、色值等视觉层面的规范文档，它保证了团队内部不同的设计师做出来的设计能够统一风格。设计规范包含着设计师对自己产品的思考，以及对自己设计理念的总结，如图 9-51 所示。

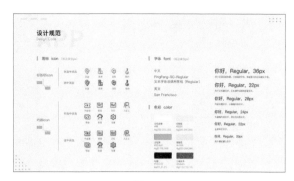

图 9-51

（9）其他展示

展示完了最重要的移动端界面，我们可以加一些其他的作品展示来证明我们天才设计师的才华。比如我们加几张 Web 端页面展示、插画展示、banner 展示、手绘展示或者再来一些 H5 页面展示都是可以的。

如果你拥有除 UI 设计之外的爱好，而且这个爱好还可以表现出你的审美与内在修养，都可以通通展示出来，比如说平时喜欢摄影，找两张摄影作品加进作品集里也是不错的。作品不在于多而在于精。

Web 端页面展示如图 9-52 所示。

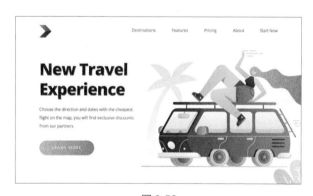

图 9-52

插画展示如图 9-53 所示。

图 9-53

banner 展示如图 9-54 所示。

图 9-54

手绘展示如图 9-55 所示。

图 9-55

到这里，基本上我们的作品集就要展示完毕了，作为一名有条理的设计师，我们应该在结尾加上"谢谢观看"或者"thanks"等字眼，同时也可以顺便在结尾加上个人联系方式，这样更方便 HR 记录相关信息，如图 9-56 所示。

图 9-56

大致的包装方法在这里已经讲完了，具体如何设计就看大家的了。

有一份规整的简历与一份优秀的作品集，再加上本身良好的沟通能力，相信大家找到满意的工作绝对不是问题。

2. 制作作品集的高效率工具

工欲善其事，必先利其器，制作作品集的工具要准备好。除了基本的 Word 文档要准备好外，推荐使用 Keynote+Sketch+PS。当然，其中的主力主要还是 Sketch 跟 Keynote，如图 9-57 所示。

图 9-57

可能会有小伙伴有疑问，为什么要用 Keynote，不用 AI 或者其他工具。主要因为 Keynote 是最方便的演示工具，图表功能齐全，而且方便向他人展示，其次 Keynote 导出的 PDF 体积小，兼容性更高，打开速度快，你的作品集能够得到更高的曝光机会，面试官能有更多的时间去看你的作品集。没有苹果电脑的同学，可以用 PS 配合 Office PowerPoint 来制作自己的作品集，尽量让自己作品集的格式较为通用，打开、传输较为方便。

3. 作品集的格式（非常重要）

常用的作品集文件格式如图 9-58 所示。

导出的作品集最好是一份 PDF 配合上一份 Word 版简历，这里提一下为什么要用 PDF，刚刚说了，面试官没有大量的时间来慢慢欣赏你的作品集。PDF 是目前全球体积最小，使用最方便，打开速度最快的阅读器，而且支持矢量，你的作品集不会出现被压缩及失真的现象，且利于后面的整理及保存。

图 9-58

外加一份 Word 的原因是方便招聘人员快速了解到你的基本信息，利于将你录入系统，安排面试，提高整体的面试效率。如果是会一些特殊技能的设计师，如动效及编码，可以在作品集里适当放入一些线上地址，方便面试官看到你的全面技能。

4. 作品集的大小（非常重要）

这里要特别说一点，PDF 的作品集要保持在 10MB 以内，Word 只放基本信息，最好不要放图，因为像阿里巴巴及很多大公司的招聘系统，附件的最大容量也就是 10MB。

其次，你的作品集越大，面试官下载、打开的时间也就越长，面对几百份作品集，面试官没那么多时间来仔细阅读每份作品集，你的作品集越小，也就意味着你的作品集被打开的机会比别人要更多一些。

所以前面推荐大家使用 Keynote，也是因为这个原因。这里给大家提供一个免费的 PDF 在线压缩工具 Smallpdf，亲测有效，百度上搜索一下 Smallpdf 就能搜到，一份几十 MB 的 PDF 能直接压缩到几 MB 大小，非常方便。在命名方面，也可以简单一些。姓名 + 岗位就可以了，如"张三作品集 .pdf""张三交互作品集 .pdf"都可以，从原则上来说命名越简单清晰越好。

5. 作品集怎么投递比较好

作品集好不容易做完了，那么精心制作的作品集怎么投递呢？这里个人建议下载使用脉脉，目前脉脉的投递的效率是较高的，而且大部分时候能快速找到帮你内推的同学。

其次，就是走各大公司的招聘官网，虽然效率比较低，但也是比较靠谱的。当然最快的方式还是找你心仪的公司里的同学给你直接内推了，这样最省事、最方便。

另外最后再强调一句，投递的格式一定别忘了，一份 PDF 配合一份 Word 就可以，PDF＜10 MB 就可以，不需要放太多位图，尽量都使用矢量图，避免失真。

9.4.3 个人设计师接单如何报价

1. 报价方法

（1）按照时薪报价

使用小时价（时薪）是最直接的定价方式。通常计算时薪是基于你每周工作多少小时，你的月薪是多少，你要为这个项目花费多长时间等因素。计算之后，会得到一个精确的数字，比如每小时最低工资 100 元。按照时薪报价很多文章都说过，甚至还有一个计算的公式，如图 9-59 所示。

图 9-59

使用小时费报价的最大优势是它的灵活性和可伸缩性。当客户要求你在他们的网站上添加一个子页面或在他们的应用程序上添加一项新功能时，你可以很方便地承接上次的工作，并使用与项目开始时相同的小时费率。

但对客户来说，在没有估计要花费多少小时数的情况下按小时收费是一场噩梦，因为他们不知道这个项目最终是 5000 元还是 5 万元。

这就是为什么客户通常会要求你用小时费率报价，他们是为了让你估算时间，这样他们就可以计算项目费用了。

按小时收费的另一个缺点是，随着你作为设计师越来越久，经验越来越丰富，作图的速度越来越快，只按照时薪费率来收费，你就会获得更少的报酬。那该怎么办呢？当然是提高你的时薪，但是当你和客户介绍你的工作效率时，你会发现有一个心理上的上限（300~500 元 / 小时），之后你就很难再继续提高时薪了。

当用小时价报价时遇到瓶颈了怎么办？此时，就得考虑其他定价方法。可以提供一个基于项目的估算价格。

（2）基于项目的定价

基于项目定价的最大优势在于，它是针对特定任务的固定价格。通俗地讲就是按照一个页面收多少钱来计算。这样客户就可以用这个价格来计算项目完成后的总费用是多少。

但是在通常情况下，项目会随着时间的推移而变化，原定 App 只有 30 个界面，可能后来变成了 50 个，一个简单的登录页面最终可能变成一个 30 页的复杂企业网站。

在固定价格的情况下，随着项目的增长，你的工作时间也会增加，因此，你的小时费率将开始下降。

这就是为什么很多设计人员接项目时在合同的附加款旁边附加了超详细的范围，所以每当有更多的请求或更改时，他们就会编写一个新的范围（这就是我们所说的"范围渐变"），并再次开始指定所有内容。

但是这样非常耗时，大把的时间花在了编写范围和协议上，压缩了你的项目完成时间。

（3）基于价值的定价

这个定价方法就是根据相同的产品对每个顾客不同的价值，对不同顾客定不同价格的做法。这个方法也可以叫打包价。

假设你向你的客户收取 1000 元来提高他们在网站上的转化率，然后你发现你的改版为客户的业务带来了额外的 10 万元利润。你觉得你改版的作品能卖 1 万元而不是 1000 元吗？但每一个精明的商人都乐于支付 1 万元来获得额外的 10 万元利润。

如果你在与中、大型公司合作，并且你有很多类似成功案例的统计数据、例子和案例研究，基于价值的定价法是给你的工作定价的好方法。

虽然你不能保证为客户带来 10 万元的额外利润，但是你可以向客户展示过去的项目，其中类似的更改可以获得一个好的结果。在这里说一下，定价的时候，你的作品价格应该永远低于它创造的价值。

以上就是笔者总结的 3 种定价模型。我希望现在你能更好地了解每种定价策略的优缺点。

2. 客户类型

这里简单把客户类型分为以下几类，可以方便设计师了解客户的想法。

（1）预算不足型

预算不足的客户不会将双方摆在对等的位置，只想最大化地从设计师身上获取价值（站在了我们的对立面），建议确定是这样客户就直接忽略，不要浪费时间去做，因为收获绝对不和付出成正比，硬要往枪口上撞，就不要抱怨后面饱受甲方折磨。

（2）价格导向型

价格导向型客户想要用最低的预算满足需求。但这和第一种类型还是有差异的，有下面几种原因。一，预算实在不够，所以对结果要求不会太严格。二，需求非常紧急，没那么多时间慢慢打磨，做出来凑合就可以。三，项目无关紧要，时间也不急，设计可有可无。

价格导向型客户和第一种客户的区别就是，知道预算和结果是正比关系。通常追求低价时就是要设计师简单快速地把事情做完，不需要设计师提一堆影响进度的建议或额外增加预算。

（3）质量导向型

质量导向型客户对设计作品质量有较高要求，且知道需要花费较高的代价才能得出这种结果。

质量导向型的客户关注的是设计水平，如果水平和对方要求的差距过大，那也只会无疾而终，或者进入反复返稿和修改的阶段。

（4）预算充足型

预算充足型客户在项目上的预算充足，但对质量没有很明确的概念，确保要花出这么多预算，产出别太糟就行。

预算充足型客户对作品质量不会有太高的要求，但是却看中增值服务和溢价，事情能不能办得妥帖、不费心，前后的服务有没有让客户觉得特别满意，这类客户会特别关心人际关系，前期郑重沟通和交际是非常有必要的。

要能在前期掌握客户属于哪种类型，是需要有一定经验积累的。通常，需要设计师在项目启动后的接触阶段进行试探，了解项目内容、截止日期、质量要求、预算范围。前面 3 个都属于基本范畴，最难的就是如何摸清楚客户的预算范围。

3. 确认预算

客户的预算，最直接的就是对方直接告诉你，当然这样的概率很小，更多的情况是等着你报，然后再比对自己的预算。

所以，人家不说，我们就要试探！

以前做一个 App 初版的设计，笔者就会找接近的案例，可以是自己的或者朋友的。挑一份做得好但是贵的（有时候会故意抬高价格），再挑一个做的简单但是便宜的。然后在大致估算费用时，先发贵的给客户看，看看对方有什么样的反应。

如果对方首肯，那就有很大概率是质量导向或预算充足的类型。那后续的操作就容易了。如果对方嫌贵，那就要问嫌贵的原因是什么，是不是预算不够。再发便宜的那个案例过去，看看做得简单是不是在对方接受范围里。

价格高的那份，代表笔者想在这次外包中获得的收益上限。比如做 20 个页面，想要赚 5 万元，那笔者一定会拿平均页面价格在 2000 元以上的案例，且作品质量确实得是拿得出手的。

价格低那份，页面平均价格在 500 元左右，不但是质量比较低的案例，且对于自己而言是非常容易完成的类型。除了拿它当下限以外，还有个重要的原因就是它是一个诱饵。当客户先看过质量好的、贵的设计，再看便宜的，他们会对便宜的产生抵触情绪。

4. 报价清单

有了客户的预期价格以后，该做的就是给具体的报价清单了。

报价清单就是将所提供服务的明细罗列出来，再加上对应的价格和总价，就像淘宝的购物车一样，告诉客户钱都花在哪里了。不要随便丢一个总价，这样会显得非常不正式。

清单也是确认需求的一部分，如果是 App 的界面，笔者会将界面的明细都罗列出来，标上价格，如果还需要切图或者后续维护，那么后面也会把这些东西列出来，明码标价了，后面核算时才能减少争执的次数。

而清单中明细的报价是需要根据总价来判断的。笔者会根据客户的预期价格先把大致总价写上，再根据权重对应拆分到每一个细项中。所以一开始就问设计一个页面要多少钱我是不知道的，先给了总价，才有单页的价格。

报价清单除了在比较正式的项目里可以成为合同的附属文件，还可以比较好地展示设计师的服务专业性，提升客户对我们的信任。笔者建议任何想要长期做外包"赚外快"的设计师都准备一个看上去专业正式的报价清单模板，每次正式给报价清单的时候只要填写内容即可。图 9-60 所示是笔者随手做的一个简单模板，仅供参考。

最终，客户会对这个清单给出反馈并讨价还价，大家就只能凭自己的本事应对了。

	A	B	C	D
1	描述	数量	单价	费用
2	首页	1	400	400
3	我的页面	1	200	200
4	详情页	2	200	400
5	购物车	2	200	400
6	排行榜	1	100	100
7	购物二级页面	4	100	400
8	直播页面	1	200	200
9	精选购页面	2	400	800
10	动效其他	5	100	500
11				
12			共计	3400

图 9-60

5. 结算流程

价格都谈妥以后，进入执行阶段前的最后一步就是确认如何进行结算。如果前期相谈甚欢，气氛融洽，客户已经完全信任笔者的业务能力，那么会让对方先预付 20%~30% 不等的费用。如果想要对方一次性付 50% 或以上，那么站在客户的立场上，没有朋友担保或是知根知底，风险就太大了，这么做是不可能的。

而收完预付款也不代表要一次性把清单所有东西都做完！比较良性的结算流程是分批次进行结算。因为有报价清单，所以预付的 20%~30% 就对应清单中这个量级的内容，笔者会在这个阶段完成这部分内容让客户验收，如果对方确认了，那么再预付第二阶段的款项，接着做下去，要分成几个阶段验收就看具体项目决定了。

如果客户并没有完全信任你，客户在初期拒绝直接预付，需要你出基本的小样看看是否能达到要求，那么只要不是预算不足型的客户，该先有所付出时就不要抵触。固然有白忙活的风险，但做外包就是做生意，生意就有风险，这样的风险都不能承受，像"铁公鸡"一样一毛不拔，不是能力过硬，客户求着你做设计，那还是别碰外包了。

至于如何在每次交付前保证客户不会拿了图就失踪，那就要在一开始和客户确认验收的形式。不需要一开始就给对方源文件或切图，完成的部分实际上只需要用 QQ 截图发过去确认就行，或者发送打上水印的简单排列的 JPG 文件。

练习题

①试着对网易云音乐进行一下用户研究。

②运用本章所学的知识来整理一下自己的作品集。